果树科学种植大讲堂

图解梨良种良法

刘 军 魏钦平 鲁韧强 王小伟◎编著

科学技术文献出版社
SCIENTIFIC AND TECHNICAL DOCUMENTATION PRESS

图书在版编目（CIP）数据

图解梨良种良法／刘军等编著．—北京：科学技术文献出版社，2013.2

（果树科学种植大讲堂）

ISBN 978-7-5023-7346-7

Ⅰ.①图… Ⅱ.①刘… Ⅲ.①梨-果树园艺-图解 Ⅳ.①S661.2-64

中国版本图书馆 CIP 数据核字（2012）第 122382 号

图解梨良种良法

策划编辑：孙江莉 责任编辑：孙江莉 责任校对：张吲哚 责任出版：张志平

出 版 者　科学技术文献出版社
地　　址　北京市复兴路 15 号　邮编 100038
编 务 部　(010)58882938，58882087(传真)
发 行 部　(010)58882868，58882866(传真)
邮 购 部　(010)58882873
官方网址　http://www.stdp.com.cn
淘宝旗舰店　http://stbook.taobao.com
发 行 者　科学技术文献出版社发行　全国各地新华书店经销
印 刷 者　北京时尚印佳彩色印刷有限公司
版　　次　2013 年 2 月第 1 版　2013 年 2 月第 1 次印刷
开　　本　850×1168　1/32 开
字　　数　151 千
印　　张　5.5
书　　号　ISBN 978-7-5023-7346-7
定　　价　29.00 元

《果树科学种植大讲堂》丛书

丛书总序

我国果树栽培历史悠久、资源丰富。据统计，2010年全国水果栽培面积已达1154.4万公顷，总产21401.4万吨，无论产量还是面积均居世界首位。我国果品年产值约2500亿元，有9000万人从事果品产业，果农人均收入2778元。果树产业的发展已成为农民增收、农业增效和农村脱贫致富的重要途径之一，是我国农业的重要组成部分。此外，果树产业对调整农业产业结构、推进生态建设、完善国民营养结构，促进农民就业增收具有重要意义。

但由于过去我国农业多以小农经济自给自足形式发展，果树产业受到了一定程度的制约。在管理过程中生产方式传统，技术水平不高，国际竞争力不强，仍然存在未适地适树、重视栽培轻视管理、重视产量轻视质量、盲目密植、片面施肥等突出问题，导致许多果园产量虽高，质量偏差，出口率极低，中低档果出现了地区性、季节性、结构性过剩等问题。特别近几年来，随着人民生活水平的提高，消费者对果品品质、多样化、安全性等提出了新的要求，需要推广优质、安全、高效的标准化生产技术体系，提高果品的市场竞争能力。

《果树科学种植大讲堂》丛书所涉及的树种是我国主要常见果树，大多原产于我国。丛书主要以文字和图谱相结合的形式详细介绍了桃、苹果、梨、杏、樱桃、草莓、核桃、香蕉、龙眼、荔枝、柑橘等主要果树的一些优良品种和相关的高效栽培技术，如苗木繁育、丰产园建立、土肥水管理、整形修剪、花果管理、病虫害防治等果树管理技术。本着服务果农和农业科技推广人员的原则，丛书内容科学准确，文字浅显易懂，图片丰富实用，便于果农学习和掌握。

本丛书由北京市农林科学院林业果树研究所王玉柱研究员担任主编，负责丛书的整体设计和组织协调。丛书桃部分由中国农业科学院郑州果树研究所王志强研究员组织编写；苹果、梨部分由北京市农林科学院林业果树研究所魏钦平研究员组织编写；杏部分由北京市农林科学院林业果树研究所王玉柱研究员组织编写；樱桃部分由北京市农林科学院林业果树研究所张开春研究员组织编写；草莓部分由北京市农林科学院林业果树研究所张运涛研究员组织编写；核桃部分由北京市农林科学院林业果树研究所郝艳宾研究员组织编写；香蕉、龙眼、荔枝、柑橘等热带果树部分由广东省农业科学院果树研究所易干军研究员组织编写。

由于编者水平有限，书中难免有错误和不足之处，敬请同行专家和读者朋友批评指正！

目录

第一章

概述

一、梨树的栽培现状及发展前景

1. 世界梨生产概况

梨是世界主要栽培果树之一，全世界共有 79 个国家生产梨，面积和产量在柑橘、蕉类、葡萄、苹果、芒果之后，居第六位。根据联合国粮农组织统计，2010 年世界水果收获面积 5573.8 万公顷，产量 60936.9 万吨，其中梨收获面积约 152.7 万公顷，产量 2263.8 万吨，分别占世界水果收获面积的 2.7 %和产量的 3.5 %。

梨为蔷薇科梨属植物，全球大约有 35 种，生产上栽培的主要有 5 种：白梨、砂梨、秋子梨、新疆梨和西洋梨。梨的栽培品种超过 8000 个，可分为东方梨和西洋梨两大类。东方梨主产于中国、日本和韩国等亚洲国家，包括白梨、砂梨和秋子梨等。西洋梨主产于欧洲、美洲、非洲、大洋洲及亚洲西部等地，主产国有意大利、美国、阿根廷等。我国是世界上最大的梨生产国，主要栽培东方梨，也有少量西洋梨，栽培面积和产量均居世界首位。

1996—2010 年，世界梨产量呈上升趋势，增长了 68.1 %，其中东方梨增产速度较快，中国梨产量增加了 156 %，韩国增加了 40.3 %。中国、日本、韩国和朝鲜四国东方梨的年产量，超过了世界其他 75 个国家西洋梨产量的总和。西洋梨产量显著上升的国家主要有南非和印度等，而美国、意大利、阿根廷等国的梨产量都比较稳定。

世界各国之间梨单产量差别较大。2010 年，世界梨平均单产量为 14.82 吨 / 公顷，我国为 14.62 吨 / 公顷，与世界平均水平相当。

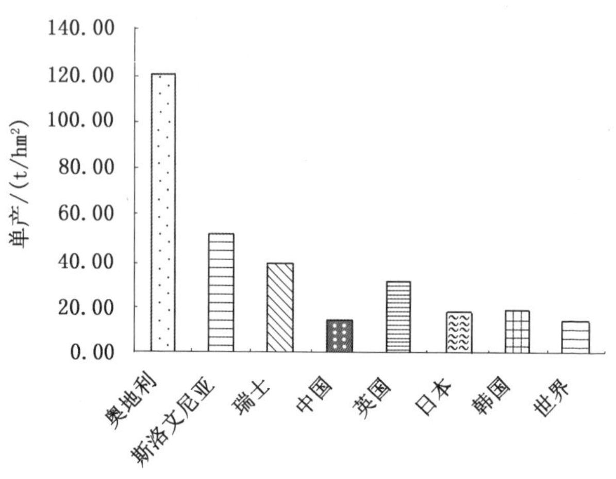

2010 年中国梨单产量与主要国家及世界单产量的对比
（数据来源：联合国粮农组织 FAOSTAT 数据库）

世界主要梨栽培品种有西洋梨的巴梨、安久、康佛伦斯、阿巴特、派克汉姆斯等。东方梨栽培品种有我国的砀山酥梨、鸭梨、雪花梨、黄花梨等，日本的幸水、二十世纪、丰水等，韩国的黄金、园黄、华山等优良品种。

2. 我国梨生产现状

古老的梨树

我国是东方梨的原产地，早在公元前 97 年，司马迁撰写的《史记》中就有“燕秦千树栗，安邑千树枣，淮北常山以南、河济之间千树梨”的记载，印证了早在 2000 多年前，我国就已大面积栽培梨了。梨树在我国是居苹果和柑橘之后的第三大果树，2010 年栽培面积 104.1 万公顷，产量 1522.1 万吨，分别占全国水果总面积的 9.0%，总产量的 7.1%，占世界梨栽培总面积的 68.2% 和总产量的 67.2%，是世界第一梨生产

大国，栽培面积和产量较多的省份有河北、山东、湖北、安徽、陕西、辽宁等。

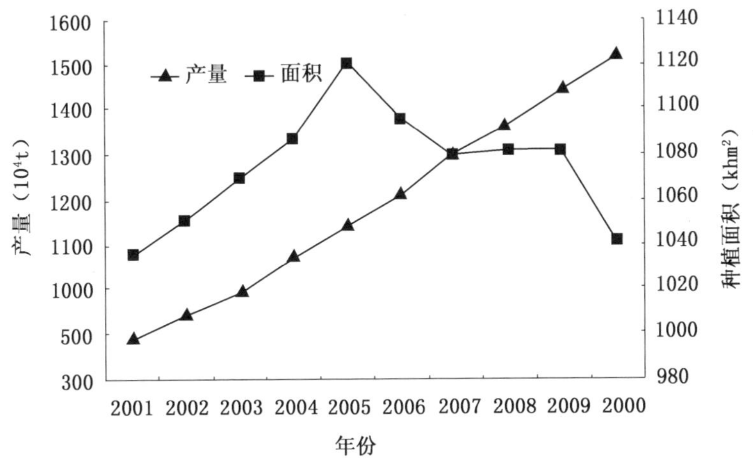

2001—2010 年间中国梨种植面积和产量变化趋势
（数据来源：联合国粮农组织 FAOSTAT 数据库）

梨在我国栽培历史悠久，名优品种繁多，如砀山酥梨、鸭梨、雪花梨、南果梨、京白梨、茌梨、库尔勒香梨等在国内外市场享誉盛名。新中国成立以来，我国选育出梨新品种（品系）200 余个，并从国外引进许多优良砂梨和西洋梨品种。其中，黄花、锦丰、早酥、黄冠、中梨 1 号、丰水、园黄和黄金梨等品种由于品质优、外观好、丰产、抗性强，得到大面积推广，在一些梨区已成为主导产品，并打入国际市场。

最新的资料显示，梨的出口量仅次于苹果，为我国第二大出口鲜果。2009 年出口量达到 46.3 万吨，占世界梨出口总量 163 万吨的 28.4%，出口总金额达到 2.2 亿美元，为世界第一大梨出口国。出口国家和地区以东南亚各国和港澳地区为主，其次为欧洲、北美、中东等。出口品种除传统的鸭梨、酥梨和库尔勒香梨外，我国培育的优新品种如中梨 1 号、黄冠、早酥、五九香等以及日韩梨品种的新高、黄金、丰水梨等的出口量也在逐年增加。

二、梨树的经济栽培价值

梨在我国栽培历史悠久，自古就有“百果之宗”的雅称。

梨果营养价值较高，每 100 克果肉中含蛋白质、脂肪各 0.1 克，碳水化合物 12 克，钙 5 毫克，磷 6 毫克，铁 0.2 毫克，胡萝卜素、硫胺素、核黄素各 0.01 毫克，尼克酸 0.3 毫克，维生素 C 3 毫克。

长期以来，我国人民有利用梨果辅助治疗气管炎、咳嗽、感冒、便秘的习惯。冬季流行感冒，将梨果生食或煮水，或将梨果与其他药物配合服用，有润肺、去内热、消炎、解喉痛的作用。梨果熬制梨膏，治疗咳嗽效果良好。最近的研究还发现，每个梨含有 10 克降低胆固醇的膳食纤维，可以满足人体每日对膳食纤维需求量的 40%。

梨果质脆味甜，多汁，除生食外还可加工成梨干、梨脯、梨膏、梨汁、梨酱、梨醋和梨罐头。我国梨鲜果和加工品每年均有出口。

各种梨加工品

梨树的木质坚硬，纹理细致，可制作精细家具和工艺品。梨树根深叶茂，适应性强，也是庭院绿化和浅山营造经济林的良好树种，不但能美化环境，也有较高的经济收益。

梨树适应性强、早果丰产性好、经济寿命长，果实营养价值高，发展梨树生产已经成为我国广大梨产区农民增收、农业增效、农村经济可持续发展的重要途径。

三、发展建议

目前我国梨树栽培面积、梨果总产量和出口量都居世界第一位，为梨果生产大国，但还远不是梨生产强国。我们的梨果单产与先进国家相比还有差距，出口量只占总产量的3.4%，远低于世界平均10%的水平，出口单价与世界先进国家相差甚远，仅为日本、韩国梨出口单价的1/6左右。同时，我国的梨果生产还面临着果品市场竞争加剧、劳动力数量减少和老弱化、劳动力和生产资料价格上涨、人们对果品质量和安全水平要求提高以及生态环境恶化等诸多问题和压力。为了实现我国由梨果生产大国向生产强国的转变，今后应该在以下几方面进行努力。

1.推动梨树种植业向优势区域的集中和转移

尽管梨树的适应性强，在我国从南到北都可以种植，但只有在最佳适宜区才可以发挥树种、品种的生产潜力，表现出应有的品质和与环境的协调一致，才能降低生产成本，提高梨果质量。经过数千年的栽培实践，我国已形成了**华北白梨区、西北白梨区和长江中下游砂梨区等三大梨产区，辽宁南部鞍山和辽阳的南果梨重点区域、新疆库尔勒和阿克苏的香梨重点区域、云南泸西和安宁的红梨重点区域和胶东半岛西洋梨重点区域等四个特色梨生产点**。今后，国家应以这些地区作为梨产业发展重点，充分发挥这些地区在品种资源、气候条件、土壤条件和栽培技术等方面的优势，大力推动规模化种植、集约化经营，引进吸收国外的先进技术和管理模式，集中打造出一批具有国际竞争力和知名度的梨果产区，以带动我国梨产业整体水平的提高。

2.全面推进梨果生产规模化、产业化发展

当前，我国梨果生产仍以农户分散经营为主，生产规模小，效率

低，抵御自然灾害和市场风险的能力差，已经越来越不能适应商品化生产的要求。各级政府部门应积极制定政策，优化环境，鼓励和推动梨果生产的规模化、产业化。一方面，可以鼓励土地的适度流转，向梨果种植能手转移，帮助他们扩大生产规模。一方面，扶持各级农民专业合作经济组织，给予它们必要的权力，明确责任和利益，采取股份制、股份合作制、契约订单等形式，将农户组织起来，对梨农实行技术统一培训、生产资料统一供应、生产过程统一标准、产品统一收购销售。再一方面，还应该创造条件，吸引、培植一批能与生产者利益共享的龙头企业，通过合同、订单等形式，把众多农户纳入产业链条中。同时通过与贮藏、保鲜和加工等龙头企业的结合，延长产业链条，提高梨果产业的整体效益。

规模化梨园

3. 以质量为核心，实施品牌战略

面对激烈的市场竞争，生产者必须树立品牌意识，把产品的质量、企业的信誉作为生产长远发展的根本。合作社、龙头企业等生产单位，应在标准化生产的基础上，积极创建品牌，逐步建立质量安全追溯管理体制，严格果品分级，针对不同市场和消费群体开发不同档次和类

型的产品，满足市场多元化的需求。各级政府部门也应加强行政监管，严格执法，维护市场正常秩序。

通过品牌战略，最终实现优质优价，以利益机制调动农户和企业采用新品种、新技术的积极性，提高果实品质和安全水平，促进我国梨果生产由数量效益型到质量效益型的转变。

梨果企业包装生产线

4. 加大新品种和实用技术的研发推广力度

国家要建立科技投入稳定增长的长效机制，加强科研和基层农技推广体系建设，注意学习和借鉴国外的先进经验，尽早建立起符合我国国情的标准化、省力化栽培技术体系，为梨果生产的规模化、产业化发展提供技术支撑。

实用技术培训

总之，在新的历史时期，国家要制定相关优惠政策，积极支持和引导农户通过各种形式组织起来，大力推进梨果产业化经营，规模化发展，把包括产前、产中、产后在内的整个产业做强、做大，促进产业提升，增强市场竞争力，开拓国内外市场，不断提高科技水平和经济效益，使我国梨果生产走上优质高效持续发展的轨道。

第二章

种类与优良品种

一、梨树的主要种类

梨起源于新生代中国西部的山脉地带，迄今为止，世界已命名的梨属植物种、变种和类型有900个以上，但被大多数分类学家所认可的种有30个左右，广泛分布于地中海、高加索、中亚细亚和东亚地区。其中原产我国的现已定名的有13个种，现将与栽培有关的主要种类介绍如下。

1.白梨

主要分布在华北各省，西北、辽宁、四川和淮河流域也有栽培，是我国栽培梨中分布较广、数量最多、品质最好的种类。适宜冷凉高燥的气候。生长较强，发枝较少。果实多长圆形或倒卵形。果皮黄色，果梗长，萼片脱落或半脱落。果实采下即可食用，肉质细脆有香气，无后熟作用，多数品种耐贮运。栽培的品种有鸭梨、雪花梨、砀山酥梨、早酥、茌梨、库尔勒香梨、苹果梨、秋白梨、金川雪梨、七月酥等。

砀山酥梨

鸭梨

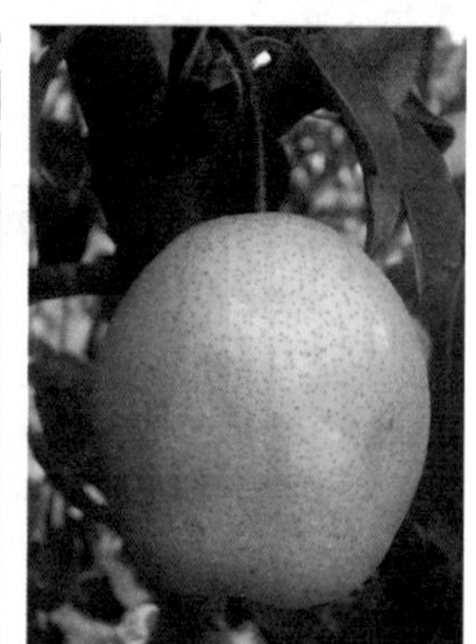

雪花梨

茌梨

库尔勒香梨

苹果梨

早酥

七月酥

2.砂梨

主要分布淮河以南、长江流域的南方各省，近年来在山东、河北、北京等省市也有发展。砂梨适宜高温湿润气候。发枝少，枝条多直立。果实一般圆形，少有卵圆形。果皮多为褐色，少有绿色。花萼宿存，少有脱落。肉细、味甜、石细胞略多，品质较好。栽培的品种有黄花、

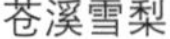

苍溪雪梨

黄花梨

翠冠、苍溪雪梨、西子绿、宝珠梨、二十世纪、丰水、长十郎、幸水等，近几年新引入的日韩砂梨品种有黄金、华山、园黄、新高、爱甘水、若光等。

丰水

新高

3.秋子梨

主要分布在辽宁，北京、河北、吉林、内蒙古、黑龙江及西北的部分地区也有栽培。适宜冷凉干燥气候，耐寒、耐旱、耐瘠薄。生长旺盛，发枝力强。果多近球形，暗绿色，果柄短，花萼宿存而开张。果实为软肉类型，采后果肉硬，水分和香气少，需经后熟才能达到最佳风味。栽培的品种有京白梨、南果梨、红南果、安梨、花盖梨、面酸梨、鸭广梨等。

京白梨

南果梨

4.新疆梨

主要分布在甘肃、青海、新疆等地区。新疆梨适宜干热的气候，

耐寒耐旱。果实卵圆或倒卵形，萼片宿存、直立。果心大，石细胞多。如甘肃的长把梨、新疆的阿木特梨等。

长把梨

5.西洋梨

次生演化于欧洲和亚洲的西部，少数优良品种引入我国有一百多年的历史，目前在辽南、华北、西北、黄河故道地区栽培较多。适宜温润稳定的气候，对干寒环境适应性差。枝多直立，小枝无毛有光泽。叶小，卵圆或椭圆形，革质。果实多葫芦形、少有圆形。果皮绿、黄、红、褐多样。果柄粗短且肉质。萼洼浅，萼片宿存而聚合。经后熟可食，果肉细软易溶，味美香甜，石细胞少，果心极小。果多不耐贮藏。国内栽培较多的品种有巴梨、三季梨、茄梨、日面红、伏茄等，我国利用西洋梨与中国梨杂交也育出了五九香、八月红等具有西洋梨的外观和风味而适应性比较强的品种。

巴梨

茄梨

伏茄

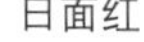

日面红

五九香

八月红

二、梨树优新品种

（一）我国优新品种

1. 早金酥

辽宁省果树科学研究所以早酥梨 × 金水酥杂交育成，2008 年通过省种子局鉴定。

果实纺锤形，平均单果重 240 克。果面光滑，绿黄色。果皮薄，果心小。果肉白色，肉质酥脆，汁液多，风味酸甜，石细胞少，可溶性固形物含量 13%，品质上。北京地区 8 月上旬果实成熟。

树体生长势较强，萌芽率高，成枝力强，腋花芽较多，连续结果能力强。早产、丰产、稳产性好。无花粉，须配 2 个以上授粉品种，抗苦痘病，抗寒能力较强。

2. 新梨 7 号

新疆塔里木农垦大学以库尔勒香梨 × 早酥杂交培育而成。

果实椭圆形，平均单果重 165 克。果皮黄绿色，阳面有红晕。果皮薄，果肉白色，汁多，质地细嫩、酥脆，石细胞较少，果心小，

风味甜爽，清香，可溶性固形物含量12.3%，品质上等。北京地区8月上旬成熟。果实耐贮藏。

树势强，萌芽率高，成枝力强。早果、丰产、稳产。

3. 早金香

中国农科院果树研究所1987年以矮香梨 × 三季梨杂交育成。2009年通过新品种审定。

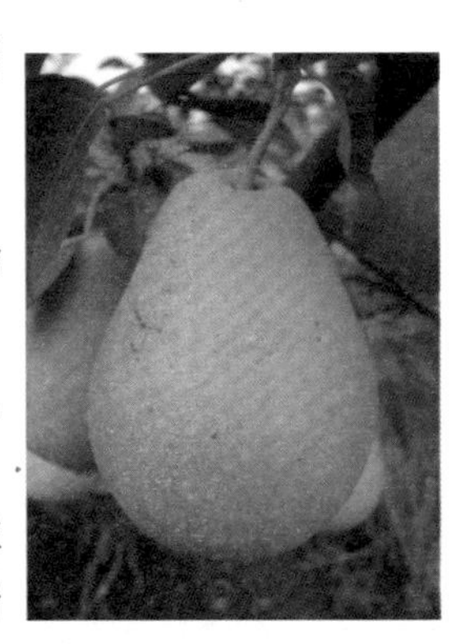

果实粗颈葫芦形，平均单果重237克。果皮厚，黄绿色，果面平滑。果实后熟期7天左右，果肉乳白色，肉质细，石细胞少，柔软多汁，可溶性固形物含量12.0%，可滴定酸含量0.13%，风味甜，兼具西洋梨与秋子梨混合特殊香气，品质上等。北京地区8月上旬果实成熟。

树势中庸，萌芽率高，成枝力强。早果性强，丰产稳产性好。适于矮化密植、设施栽培和盆栽。有轻微采前落果现象，抗寒性中等，高抗梨黑星病。

4. 中梨1号

又名绿宝石，中国农业科学院郑州果树研究所用早酥 × 幸水杂交育成。

果实圆或扁圆形，平均果重220克。果面绿色，套袋果呈乳白色。果心小，果肉白色，肉质细嫩，味甜，多汁，有香气；可溶性固形物含量14.6%，品质上等。在北京地区8月上旬成熟，较耐贮运，常温下可贮藏8～10天。

树势健壮，适应性强，耐盐碱，抗病力强。不仅是一个良好的早熟主栽品种，而且是一个良好的授粉品种。缺点是早实性较差，易出现大小年，旱涝不均有裂果现象。

5. 西子绿

浙江大学园艺系育成，亲本为新世纪×(八云×杭青)，1996年通过品种审定。

果实近圆形，平均单果重300克。果皮黄绿色，果面有锈斑。果肉白色，肉质细、松脆，汁液多，味甜，可溶性固形物含量12.5%，品质上等。北京地区果实8月中旬成熟。

树势中庸，树势开张。萌芽率高，成枝力中等。早果，丰产。

6. 早酥红

为早酥的红色芽变。

花、幼叶、嫩枝均为紫红色，果面红色或条红色。其他特性同早酥。北京地区8月中旬果实成熟。

7. 翠冠

浙江省农业科学院园艺研究所以幸水×(杭青×新世纪)育成，现已成为浙江省主栽早熟品种。

果实圆形，平均果重250克。果皮绿色。果肉白色，细嫩松脆，味甜多汁，可溶性固形物含量12.5%，是目前砂梨品种中品质最好的品种之一。果面锈斑较重，影响外观，套两次纸袋可大大减少锈斑的发生。北京地区果实8月中旬成熟。

树势强，树姿较直立。萌芽率高，成枝力强。抗逆性强，耐湿，裂果少，病虫害少。果实不耐储藏。

8. 初夏绿

浙江省农业科学院园艺研究所以西子绿 × 翠冠育成，2008 年通过浙江省农作物品种审认定委员会品种认定。

果实长圆形，平均单果重 250 克。果皮浅绿色，果面光滑，无果锈或少果锈。果肉白色，肉质细嫩，石细胞较少，汁液多，口感脆甜，可溶性固形物含量 12%。树姿直立，花芽极易形成，早果性强，丰产性好。

9. 翠玉

浙江省农业科学院园艺研究所以西子绿为母本，翠冠为父本杂交育成的最新品种。

果实近圆形，果形端正，果皮浅绿色，果面光滑，果锈少，果肉白色，肉质细嫩，味甜、汁多，可溶性固形物 12.7%，平均果重 250 克以上。北京地区 8 月中旬果实成熟，较翠冠耐贮运。

10. 雪青

浙江大学园艺系以雪花梨为母本，新世纪为父本杂交育成。

果实圆形或长圆形，平均单果重 300 克。果皮绿色，果面光洁有光泽。果心小，果肉洁白，细脆多汁，味甜，可溶性固形物含量 12.5%，品质上等。北京地区 8 月中旬果实成熟。

树势强，萌芽率高，成枝力中等。以中短果枝结果为主，果台枝连续结果能力强。早果性强。抗轮纹病和黑星病。适于我国长江流域和黄河流域栽培。

11. 玉绿

秦仲麒提供

湖北省农业科学院果树茶叶研究所以慈梨 × 太白杂交选育而成，2009 年通过湖北省农作物品种审定委员会审定。

果实近圆形，平均单果重 280 克。果皮薄，绿色，果面光洁，无果锈。果肉白色，细嫩松脆，石细胞少，汁多，酸甜可口，可溶性固形物含量 11%。北京地区 9 月中下旬成熟。

树势中强，萌芽力强，成枝力中等。早果，丰产。抗黑星病，较抗黑斑病。

12. 鄂梨 2 号

湖北省农业科学院果茶蚕桑研究所用中香 ×43-4-11（伏梨 × 启发）育成。2002 年通过湖北省农作物品种审定委员会审定。

果实倒卵圆形，平均单果重 190 克。果皮黄绿色，果心极小。果肉洁白，肉质细嫩酥脆，具香气，石细胞少，汁液多，可溶性固形物含量 14.7%，品质优。北京地区 8 月中旬成熟，树势中庸偏旺，树姿半开张。萌芽力和成枝力中等。果实耐贮性一般，较抗黑星病。

13. 黄冠

河北省农林科学院石家庄果树研究所以雪花梨为母本，新世纪为父本杂交培育而成。1997 年 5 月通过河北省林木良种审定委员会审定。为河北省的主要栽培品种之一。

果实近圆形或卵园形，平均单果重 235 克。果皮黄色，果面光洁，无锈斑。果心小，果肉白色，肉质细，松脆，汁液多，酸甜适口，有香气，

可溶性固形物含量 11.4%，品质上等。北京地区 8 月下旬果实成熟。果实耐贮运。

树势强，萌芽率高，成枝力中等。嫁接苗定植后 3 年开始结果，以短果枝结果为主，有较强的自花结实能力。高抗梨黑星病。

14. 玉露香

山西省农业科学院果树研究所以库尔勒香梨 × 雪花梨杂交选育而成。

果实椭圆或扁圆形，平均单果重 240 克。果皮黄绿色，阳面有红晕或暗红色条纹，光洁细腻具蜡质。果皮极薄，果心小。果肉白色，细嫩酥脆，石细胞极少，汁液特多，味甜具清香，可溶性固形物含量 13%，品质上等。北京地区果实 8 月下旬成熟。

幼树生长强，大量结果后树势中庸。萌芽率高，成枝力中等。适应性较强，抗寒能力中等，抗腐烂病、褐斑病中等，抗白粉能力较强。

果实耐贮藏，在自然土窑洞内可贮至 5 ～ 6 个月。是集双亲之优点，不可多得的品质优、耐贮藏的好品种。

15. 红月

辽宁省果树科学研究所 1993 年以红茄梨 × 苹果梨杂交选育而成的中晚熟梨新品种。2009 年 10 月通过省专家组鉴定。

果实圆锥形，平均单果重 245 克。果实底色黄绿，果面红色达 60%，光滑。果皮薄，果心小。果肉白色，需后熟，肉质细腻多汁，石细胞少，可溶性固形物含量 14.4%，风味酸甜，微香，品质上。常温下贮藏 15 天左右。北京地区 9 月上旬果实成熟。

树势强健，树姿直立。早果、丰产。抗干腐病，抗寒性较强。

16. 寒红梨

吉林省农业科学院园艺研究所以南果梨为母本，晋酥梨为父本杂交育成的红皮梨品种。2003 年通过吉林省农作物品种委员会审定。

果实圆形，平均单果重 180 克。果皮光滑，蜡质厚，鲜红色。果心小，果肉细，酥脆多汁，石细胞少，酸甜味浓，有香气，可溶性固形物含量 15%，品质上等。北京地区 9 月上旬果实成熟。耐贮藏。

树势强，萌芽率高，成枝力中等。抗寒性强，叶、果抗病性较强，高抗黑星病和轮纹病。

17. 红香酥

中国农业科学院郑州果树研究所以库尔勒香梨为母本，郑州鹅梨为父本杂交育成的红皮梨品种。

果实卵圆形或纺锤形，平均单果重 220 克。果皮光滑，蜡质厚，果皮绿黄色，阳面有红晕。果心小，果肉白色，酥脆多汁，可溶性固形物含量 13.5%，品质上等。北京地区 9 月中旬果实成熟。耐贮藏。

树势强，萌芽率高，成枝力中等。早果、丰产。高抗梨黑星病，较抗轮纹病、梨蚜及红蜘蛛，不抗梨木虱、食心虫。

18. 美人酥

中国农业科学院郑州果树研究所以幸水 × 火把梨杂交育成。

果实卵圆形，平均单果重 275 克。果面光亮洁净，阳面着鲜红色彩。果肉乳白色，酥脆多汁，风味甜酸，可溶性固形物含量 15.5%，

品质中上。北京地区9月中下旬成熟。较耐贮运，贮后风味、口感更好。

幼树生长势健壮，枝条直立性强，结果后开张。结果早，丰产性好。对梨黑星病、干腐病、早期落叶病和梨木虱、蚜虫有较强的抗性，花期抗晚霜，耐低温能力强。适宜云贵川等高海拔地区栽培。花后1个月疏果套袋，采果前15天除袋，去袋后保持果园湿润和树冠通风透光，果面鲜红艳丽。

19. 满天红

中国农业科学院郑州果树研究所以幸水梨 × 火把梨杂交育成。

果实近圆形，单果重280克。阳面鲜红色，光照充足时全面浓红色。肉质细，酥脆，石细胞少，风味酸甜，略涩，经贮藏后涩味消失，可溶性固形物含量15%，北京地区9月中下旬成熟。较耐贮运。

幼树生长势强健，枝条粗壮，直立性强，早果丰产稳产。该品种抗旱、耐涝，抗寒性较好，病虫害少，对梨黑星病、锈病、干腐病抗性强，蚜虫、梨木虱危害较少。适宜云贵川等高海拔地区栽培。套袋技术同美人酥。

（二）日本和韩国砂梨品种

1. 若光

日本用新水 × 丰水杂交育成。

果实扁圆形，端正，平均单果重约300克。果皮黄褐色，果肉乳白色，味甜，微有香气。在细嫩多汁，可溶性固形物含量12.5%。北京地区8月上旬果实成熟。

树势中等，树姿较开张。喜肥水，修

剪以中、重短截为主。

2.爱甘水

日本以长寿 × 多摩杂交育成，1990 年获得品种登记。

果实圆或扁圆形，平均单果重 300 克。果皮黄褐色，果皮薄。肉质细嫩，果汁多，有香气，可溶性固形物含量 13.5%，品质上等。北京地区果实 8 月上旬成熟。

树势中庸，树姿半开张。萌芽率高，成枝力弱。成树以短果枝结果为主，坐果率较高，树势易衰弱。对黑斑病、黑星病抗性强，为优良的早熟褐皮梨新品种。

3.园黄

韩国品种，1994 年育成，亲本为早生赤 × 晚三吉。

果实圆形，端正，平均单果重 350 克。果皮褐色，果面光滑，果点小而稀。果心小，果肉乳白色，肉质细嫩酥脆，汁多味甜，可溶性固形物含量 13.5%，品质上等。北京地区果实 8 月下旬成熟。果实较耐贮藏。

树势生长较强，树姿半开张，萌芽率高，发枝力强。结果较早，以中、短果枝结果为主，丰产稳产。全树中枝发生多，果台副梢抽枝能力也强。抗黑星病能力强，栽培管理容易。花粉多，可作良好的授粉树。容易发生早期落叶现象，郁闭园更为严重。

4.金二十世纪

日本通过辐射育种方法选育的抗黑斑病品种。1990 年命名，又称“王子二十世纪”。

果实近圆形，平均单果重 300 克。果皮黄绿色。果肉黄白色，肉质细嫩，可溶性固形物

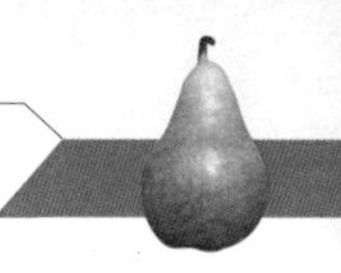

含量 13%，品质上等。北京地区 8 月下旬果实成熟。果皮娇嫩，果锈严重，需套两次袋才能克服。

树势较强，萌芽率高，成枝力中等，以短果枝结果为主。生长停止早、发育充实的枝条上腋花芽较多。

5. 华山

韩国用丰水 × 晚三吉杂交育成，1993 年命名。

果实圆形或扁圆锥形，平均单果重 350 克。果皮黄褐色，果面光滑。果心小，果肉白色，肉质较细，石细胞少，汁多味甜，可溶性固形物含量 13%，品质上等。北京地区 9 月上中旬成熟，较耐贮藏。

树势强健，树姿开张，成枝力强。丰产。抗黑斑病及黑星病。缺点是果实肉质稍粗，土壤前旱后湿，果实有裂果现象。

6. 满丰

韩国用丰水 × 晚三吉杂交育成。

果实扁圆形，平均单果重 550 克。果皮鲜黄色，果肉细嫩柔软，几乎没有石细胞，果汁多，可溶性固形物为 13.5% 左右，品质上等。北京地区果实 9 月中旬成熟。

树势强。适应性较强，抗涝、抗旱。对黑斑病抵抗能力特别强。果实的个头大，需要 175 毫米 ×205 毫米以上型号的果袋并注意疏花疏果。

7. 秋月

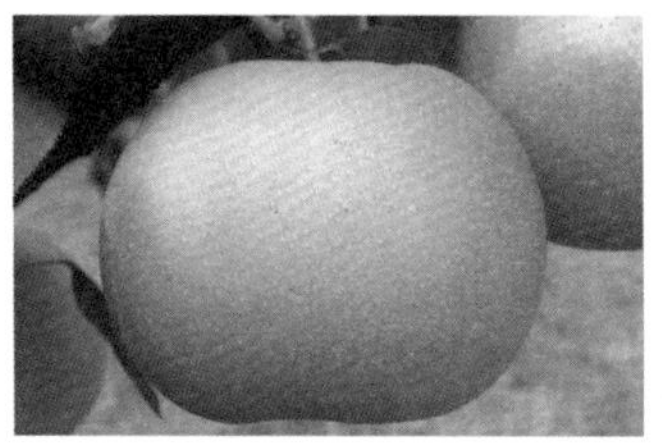

日本以（新高 × 丰水）× 幸水杂交育成，2002 年引入我国。

果实扁圆形，果形端正，平均单果重 350 克。果皮黄褐色，果肉白色，肉

质酥脆，石细胞极少，口感清香，可溶性固形物含量13%左右，品质上等。北京地区9月中旬果实成熟，较耐贮藏。

生长势强，枝条半开张，以短果枝结果为主，抗寒性稍弱。

8.黄金梨

韩国以新高×二十世纪杂交育成，1984年命名。

果实圆形或扁圆形，平均单果重300克。果皮黄绿色，套袋后果皮金黄色，皮薄，果点小而稀。果心极小，果肉白色，细嫩，果汁多，石细胞极少，味甜且有香气，品质极佳，可溶性固形物含量13.5%。北京地区果实9月中旬成熟。

树势中等，萌芽率高，成枝力低，成花容易。果实及叶片抗黑斑病、黑星病。花粉少，注意配置双授粉树。需实施套袋栽培，以套两次袋为好。为目前抗病性、丰产性和商品价值都较好的中晚熟品种。缺点是果皮娇嫩，果锈较重，商品果率低。果实萼端易患“黄头病”。对肥水要求高。

9.晚秀

韩国园艺研究所用单梨与晚三吉杂交育成。

果实扁圆形，平均单果重450克。果肉白色半透明，肉质细腻，石细胞少，无渣，汁多，品质优，可溶性固形物含量为14%～15%。果实10月上中旬成熟，耐贮藏。

树势强健，成枝力强，枝条直立。早果性、丰产性好。适应性、抗逆性强，抗黑星病、黑斑病能力强。

（三）西洋梨品种

1. 利布林

德国品种。1987 年由中国农业科学院果树研究所引进。

果实葫芦形，平均单果重 190 克。果皮绿黄色，阳面有红晕。果面平滑有光泽。果心中大，果肉白色，肉质细脆，后熟变软，汁液多，酸甜粉香，含可溶性固形物 12.0%，品质上等。北京地区 8 月上旬果实成熟。采后果实在常温下经 3 ～ 5 天后熟，表现出最佳食用品质。

树势强，萌芽率、成枝率高。以短果枝结果为主。抗逆性较强，较抗腐烂病，食心虫为害较轻。

2. 早红考蜜斯

果实细颈葫芦形，平均单果重 185 克。果皮紫红色，光滑。果肉白色，半透明，肉质细，石细胞少，可食率高。经后熟，果肉变得柔软细腻，汁液多，具芳香，风味酸甜，采收时可溶性固形物含量为 12%，经后熟 1 周后可达 14%，品质上等。北京地区果实 8 月中旬成熟不耐贮藏。

树体健壮，萌芽率高，成枝力强。结果晚，丰产稳产性较好。抗旱，耐盐碱。大量结果后，树势容易早衰。

3. 三季梨

法国品种。

果实粗颈葫芦形，平均单果重 320 克。果皮黄绿色，果肉白色，经 5 ～ 7 天后熟变软，汁多，味甜微香，可溶性固形物含量 12.7%，品质优。北京地区果实 8 月上旬成熟。自花结实率高，在无授粉树的条件下仍可丰产。

树势中等，适应性强，抗旱，丰产稳产。

4. 红巴梨

美国品种，系巴梨的红色芽变。

果实粗颈葫芦形，平均单果重 225 克。幼果期果皮紫红色，膨大期逐渐褪色，成熟期底色黄绿，全面着深红色条纹，果面凹凸不平。果心小，果肉白色，经后熟果肉变软，细腻多汁，易溶于口，味甜，香气浓，可溶性固形物含量 14%，品质上等。北京地区果实 9 月上旬成熟。采后 7 ~ 9 天完成后熟。常温条件下可以贮藏 7 ~ 10 天，冷藏条件下可以贮藏 2 ~ 3 个月。

树势强，萌芽率高，成枝力强。幼树树姿直立，结果后开张。有自花结实能力。成花结果早，丰产。适应性强，喜欢比较肥沃和沙质土壤。抗寒力中等，抗枝干病害能力弱，抗风、抗黑星病能力强。

5. 阿巴特

原产法国。

果实长颈葫芦形，平均单果重 270 克。果皮黄绿色，阳面有红晕，厚，较光滑。果肉白色，经后熟肉质细腻多汁，味甜，有清香，果心小，可溶性固形物含量 13.1%，品质上等。北京地区果实 9 月中旬成熟。

树势强健，幼树结果较晚，一般 4 年生开始结果。成年树丰产稳产，以短果枝结果为主。腐烂病、干腐病和花芽冻害较严重。

6. 红考蜜斯

美国品种，为考蜜斯的浓红型芽变。

果实短葫芦形，平均单果重 220 克。果皮紫红色，果点小而明显，果面光滑，具蜡质，皮较厚。果心中大，果肉淡黄色，极细腻，汁液多，

味酸甜，香气浓，可溶性固形物含量13%，品质上等。北京地区果实9月中旬成熟，果实经10～15天完成后熟。在常温条件下，果实可以贮藏15天，冷藏条件下可以贮藏3～4个月。

树势较弱，树姿较开张。萌芽率高，成枝力强。成花容易，结果早，一般栽后3年即可结果。坐果率高，较丰产。对肥水条件要求较高。对梨木虱、黄粉虫、黑星病有很强抗性。抗寒力中等。

7.康佛伦斯

英国品种。

果实葫芦形，平均单果重200克。果皮绿黄色，阳面有淡红晕。果面平滑，有光泽。果肉白色，肉质细而致密，经后熟变柔软，汁液多，味甜，有香气，果心较小，可溶性固形物含量14.2%，品质极上。北京地区果实9月中旬成熟。

植株生长势中等，萌芽率高，成枝力强。幼树结果较晚。适应性较强，抗黑星病和梨木虱。花芽不抗冻，产量不稳定。

8.凯思凯德

美国品种。

果实短葫芦形平均单果重290克。果面深红色。果肉细，汁液多，味甜，香气浓，可溶性固形物含量17%，品质上等。北京地区果实9月下旬成熟，采后经15～20天完成后熟。较耐贮藏。

树势健旺，树姿半开张。萌芽率、成枝力均高。早果丰产性一般。病虫害少，耐干旱及中度盐碱。

9.派克汉姆斯

又称啤梨，澳大利亚品种。

果实粗颈葫芦形，平均单果重184克。果皮绿黄色，阳面有红晕，果面凹凸不平。果肉白色，质细而紧密，有韧性，石细胞少，经后熟

肉质变软，汁液多，味酸甜，具浓郁香气，可溶性固形物含量13.5%，品质上等。北京地区果实9月下旬成熟，后熟期约10～15天，较耐贮藏。

植株生长势较强。萌芽率和成枝力中等。各类枝条均可成花结果。果台副梢或短枝连续结果能力强。丰产稳产。枝干病害重，果肉易出现木栓化斑点现象。

第三章 苗木繁育技术

一、砧木种类与选择

砧木对于梨树生产非常重要，选择适宜的砧木，是梨树栽培的基础。选择砧木的要求是适应当地环境条件、抗逆性强、抗病虫、亲和性好、生长整齐等。砧木种子最好采自一株树，这样可以获得较高的苗木整齐度，为梨园的丰产打下坚实的基础。

1.杜梨

产于我国的华北、西北各省。乔木，高可达 10 米，枝常具刺。果实近球形，褐色，直径 0.5 ~ 1 厘米，萼片脱落。种子褐色，粒较小，每千克种子 28000 ~ 70000 粒。杜梨根系深而发达，侧根少，适应性强，嫁接树生长健壮、结果早、丰产、寿命长。与西洋梨及东方梨嫁接均易成活，是我国西北、华北地区常用的砧木。

2.秋子梨（山梨）

产于我国的东北、华北北部和西北等地。乔木，植株高大，叶片光亮，枝条黄褐色。果实较小，单果重 30 ~ 80 克，圆形或扁圆形。种子褐色、较大，每千克种子 16000 ~ 28000 粒。抗寒性极强，抗腐烂病，但不抗盐碱。嫁接树树冠大、乔化作用强。丰产、寿命长，与秋子梨、白梨、砂梨系统亲和性好，与西洋梨品种亲和力弱，有些品种嫁接后易得铁头病，是我国东北、华北北部、西北北部地区的主要砧木类型，在温暖湿润的南方不适应。

3.豆梨

分布于我国华东、华南各省，常生长于海拔1000～1500米的高山上。乔木，高5～8米。果实球形，较小，黑褐色，萼片脱落。种子小，有棱角，每千克种子80000～90000粒。豆梨砧木适宜温暖、湿润的气候，适应黏土及酸性土壤栽培。抗腐烂病能力强，适应性仅次于杜梨。嫁接砂梨、西洋梨品种亲和力强，是我国长江流域及其以南地区常用的梨砧木类型。

4.砂梨

我国长江流域，四川、湖北、云南、河南等省均有分布。乔木，高可达7～15米。野生种作砧木，根系发达，抗涝能力强，抗旱、抗寒力差，对腐烂病有一定的抵抗能力，适于偏酸性土壤和温暖多雨地区，是我国南方地区常用的优良砧木类型。

5.褐梨

在河北、东北、华北山地有部分应用，在平原盐碱沙地表现差。可在山地就地取材，是适应当地环境的优良砧木。

6. 榅桲

蔷薇科榅桲属。原产中亚、西亚。欧洲用榅桲作为西洋梨的矮化砧木。优良砧木有 BA29、EMA、EMC 等，但抗寒能力较差，我国正在引种试验中。

二、砧木苗的培育

1. 种子的采集

选择种类纯正、生长健壮、无病虫害的优良单株，做上标记作为采种母树。果实采收要适时，采收过早，种子尚未成熟，生活力低，发芽率低。要求在砧木的果实成熟时，秋子梨和杜梨一般在 9 ~ 10 月采收，砂梨一般在 8 月采收，豆梨一般在 8 ~ 9 月采收。一般果实越大，种子也越饱满。所以应从同一种类的树上，选择果实较大的采收。采集后的果实放在背阴处堆集后熟，厚度 20 厘米左右，覆盖一层青草或麻袋，使果实变软。堆积后熟过程中要翻倒几次，以防止发酵温度过高，影响种子发芽率。温度一般保持在 30 ~ 40℃，待果实大部分变软，用棍棒捣烂后，用清水冲洗，除去果肉，淘出种子摊在阴凉处晾干，簸净去杂放于透气的麻袋或布袋中，在阴凉干燥处保存。外购种子要从有信誉的单位购买，注意种子的纯正，并作种子生活力鉴定。

2. 种子生活力鉴定

为了了解种子的生活力和达到种子发芽整齐、幼苗生长健壮的目的，需对种子进行生命力的鉴定。简易的鉴定方法是目测法。一般来讲，有生命力的种子，种皮有光泽，种仁呈乳白色，不透明。用指甲挤压呈饼状，表明种子是好种子，并有一定的生命力。如果种仁透明，压挤即碎，就是无生命力的陈种子。也可用染色法测定：取种子 100 粒，放冷水中浸泡 24 小时，取出种仁，用 5% 的红墨水染色 20 分钟，用清水冲去浮色至不褪色为止。凡未着色的种仁具有生活力，着色的种仁则失去了活力。

3. 种子处理

梨砧木种子必须在 2 ~ 5℃低温条件下与 5 倍的湿沙混和，进行层积处理后才能发芽。不同的砧木种子需要不同的层积时间，如杜梨需要 60 ~ 80 天，秋子梨需要 50 ~ 60 天，豆梨需要 30 ~ 45 天，野生砂梨需要 45 ~ 55 天，褐梨需要 40 ~ 55 天。沙藏开始的时间要根据各地春季播种的时间和沙藏需要的时间来确定。一般在播种前 50 ~ 70 天进行沙藏。先在背阴排水良好处开沟。沙的湿度掌握在手握成团，一触即散为度。将 1 份种子与 5 份沙 (体积比) 混拌均匀，种子数量不多可放入瓦罐或木箱里，埋在沟里冻层以下。种子数量多时，先在沟中每隔 1 米立一小把玉米秸通气，再将混合好种子的湿沙土填入沟内离地面 20 厘米，再用沙土填埋并高出地面，以防积水。沙藏期间注意检查，防止干燥和鼠害。春季气温回暖后，注意保湿和翻动，当多数种子露白时即可播种。

4. 播种时期

分为秋播和春播。在冬季较短不太严寒，土质较好，土壤湿度较稳定的地区可采用秋播。秋播种子不用层积，在田间自然后熟，翌年春季出苗早，生长期长，苗木生长健壮。秋播宜在土壤冻结前适当早播为好。在冬季干旱、严寒、风沙大，鸟类、鼠类危害严重的地区，宜采用春播。春季播种时间因气候有异：长江流域地区在 2 月下旬至 3 月下旬春播，华北、西北地区在 3 月中旬至 4 月上旬春播，东北地区在 4 月春播。春播宜早，以增加苗木前期的生长量。

5. 播种方法

一般采用条播。播种前将土地深翻 20 ~ 25 厘米，施优质有机肥 4000 ~ 5000 千克，将育苗的地块整成宽度为 1.2 米的畦，灌水洇畦，待土壤不黏脚时，开沟播种。行距 50 厘米，沟深 2 厘米，播后覆土，如果土壤黏重可覆沙

砧木播种

土，然后覆地膜保墒增温，待芽出土后从垄中割破地膜，让幼苗伸出和方便管理。也可提前在背风向阳处搭小拱棚，作畦洇水后撒播种子，然后覆细土，出苗后当幼苗3～5片真叶时带土移栽，株距10厘米左右，这样，延长了苗木生长期，苗齐苗壮，嫁接、管理容易。

6.幼苗管理

为了使幼苗生长良好，达到当年嫁接的粗度，必须要加强幼苗的前期管理。苗木出土后及时松土、除草。幼苗3～5片真叶时进行间苗和带土坨移栽补苗。在苗高50厘米时，进行摘心，使其增粗。芽接前捋去砧苗基部10厘米的枝叶，以利嫁接。嫁接芽成活后切断主根促进侧根生长。主根保留长度要求20厘米以上。在采取以上措施外，还要追施速效肥2～3次，以尿素、硫酸铵、磷酸二铵为主，每次每亩用量在10千克左右，追肥后浇水，划锄保墒，并注意病虫害的防治。

杜梨当年生苗（朱立武提供）

三、嫁接及嫁接苗培育

嫁接的方法很多，概括起来有芽接和枝接两大类。对一年生砧木苗常采用T字形芽接。当砧木和接穗不离皮时，可采用嵌芽接，春季和秋季都可进行。育苗中的枝接多用舌接、切接和皮下接，主要用于春季嫁接。

（一）“双刃刀芽接法”

“双刃刀芽接法”是近年来育苗生产中新出现的一种嫁接方法，具有嫁接速度快，成活率高的优点，现介绍如下。

1.芽接刀具

使用双刃刀是这种嫁接方法的关键。这种嫁接刀将两片相同形状的

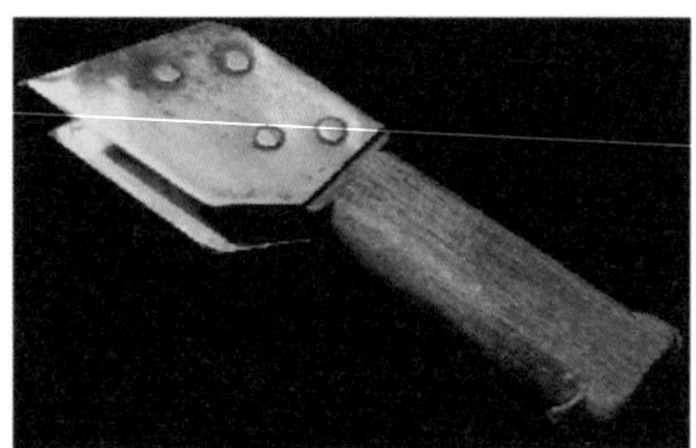
双刃嫁接刀（朱立武提供）

不锈钢刀片固定在木质手柄上，刀片之间距离为 1.5 ～ 2.0 厘米。

2. 砧木与接穗

砧木利用当年春季播种培育的杜梨、山梨或豆梨实生苗，接穗为所繁育品种的当年生充实、健壮的新梢。

3. 嫁接时间

于夏秋季节、砧木与接穗皮层容易剥离时期进行，一般在 7 月下旬至 8 月下旬。

4. 砧木剥皮和刻取芽片

横切砧木挑开皮层（朱立武提供）

捋去砧木苗基部 10 厘米处叶片，横切一刀并自一边挑开皮层；再于接穗的芽上横刻一刀，切开一边后用手指一推取下接芽。由于采用的是双刃刀，使原本需要 4 刀才能完成的过程（削取芽片、切开砧木各需 2 刀）变为刻两刀即可，大大提高了嫁接速度，普通嫁接工每天（8 小时）可接 2000 株以上。

一刀刻取接芽（朱立武提供）

剥去砧木皮层贴入接芽（朱立武提供）

5. 贴芽与绑缚

迅速取下接芽贴入砧木切口，以塑料薄膜自下而上绑缚。由于双刃刀的刀刃之间距离固定，使得砧木切口大小与接芽的长度完全一

致，保证了砧木与接芽形成层的完全结合，成活率几乎可达 100%。

塑料薄膜绑扎（朱立武提供）

6. 剪砧

不同立地条件由于气候差异，剪砧的时间不同。在冬季干旱、寒冷的西北地区，采取保芽过冬、第二年萌芽前剪砧，2 年出圃苗高度可达 200 厘米左右、150 厘米处直径 1.0 厘米以上。在生长季节较长的南方地区，嫁接 7 ~ 10 天后可以剪去砧木，接穗当年可以抽生 30 厘米左右的枝条，当年即可出圃。

（二）冬季根接育苗技术

冬季根接育苗，不仅延长了嫁接期限，使嫁接育苗周年进行，还可充分利用冬季农闲时期，同时可在室内操作，大大减轻了劳动强度。采用此法嫁接和管理，一般成活率在 85%左右，当年每亩出圃苗数在 1 万～ 1.5 万株。

1. 嫁接时期和方法

嫁接时期一般在梨树休眠季节，即每年的 1 月初～ 2 月底。嫁接方法：

(1) 掘取一年生棠梨主根，洗净泥沙晾干水分备用。剪成长约 10 厘米左右，粗度要求在 0.8 厘米以上。

(2) 采用舌接、单芽切接或双芽切接。接后用薄膜将整个嫁接部位和接穗捆扎严密。嫁接时可一人专削接穗及切砧木，另一人专包薄膜，以利提高工效。

(3) 接后保存：嫁接完后不能立即种植，每 10 株捆为 1 束，埋在室内湿沙床中，上部以微露接穗顶部为宜。沙的湿度以捏之能成团，触之即散为宜，过干过湿均为不利。如在室外沙床中保存需用薄膜及稻草覆盖。并注意经常检查，以防霉烂。

室内嫁接

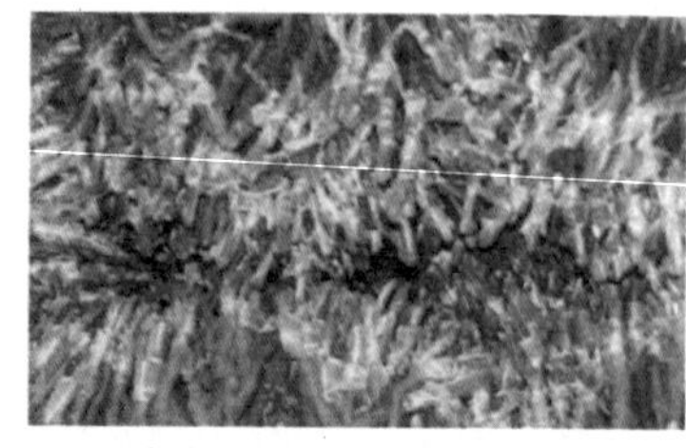

嫁接好的苗木，准备沙藏

塑料薄膜包裹保湿，促进愈合

种植后的苗

（施泽彬提供）

2．圃地栽植

4月上旬，梨芽即将萌动之时，将砧穗体栽植于苗圃地定植。苗圃地应根据土壤肥力状况，一次性施足腐熟有机肥，另外每亩撒施25公斤三元复合肥，整理成畦面宽1.2米左右，沟宽0.25米左右（限南方多雨地区），畦面上覆盖黑地膜。

栽植时，先用尖锐的棍棒将黑地膜刺出一个洞，并在土壤中形成种植孔，将嫁接好的苗种入，然后压紧苗周围的土。株行距以株距10～15厘米，行距20～25厘米为宜。采用模板打洞效率更高。

3．夏季管理技术

（1）摘心　及时摘心有利苗木生长整齐。由于砧木质量及接穗等差异，苗木生长有一定差异。当长得最高的苗长0.5～0.6米时，进行第一次摘心，其余的苗长至0.5～0.6米高时分批摘心，以此促进苗木生长整齐。枝梢不直立的品种，需用直细棒等绑缚，以保证苗木直立。

（2）及时除萌　由于苗木种植深浅不一，加上砧木生长势强，常

常会有萌蘖产生，过早除萌会影响成活率。当新根长出，苗木高度达到 20 厘米以上后开始除萌，并且尽量不要摇动砧木。

(3) 重视病虫害的防控 因育苗没有直接收获果实，生产上往往对蚜虫、梨瘿蚊、梨锈病等病虫为害放松警惕，导致苗木质量下降，应注意克服。

梨树苗圃

四、苗木出圃、分级、包装运输

1.出圃时间

苗木出圃时间一般根据用苗单位的需求来确定，北京地区的苗木出圃时间一般在 11 月上旬或翌年的 3 月下旬。

2.分级（见表 3-1）

表 3-1 梨树苗木分级标准

项目		规格	
		一级	二级
品种与砧木		纯度≥ 95%	
根	主根长度（厘米）	20 ～ 25	
	主根粗度（厘米）	≥ 1.2	≥ 1.0
	侧根长度（厘米）	≥ 15.0	
	侧根粗度（厘米）	≥ 0.3	≥ 0.2
	侧根数量（条）	≥ 5	≥ 4
	侧根分布	均匀、舒展而不卷曲	
基砧段长度（厘米）		≤ 8	
苗木高度（厘米）		≥ 120	≥ 100
苗木粗度（厘米）		≥ 1.0	≥ 0.8
倾斜度		≤ 15°	
根皮与茎皮		无干缩皱皮、无新损伤，旧损伤总面积≤ 1.0 厘米 ^{2}	
饱满芽数（个）		≥ 8	≥ 8
接口愈合程度		愈合良好	
病虫害		无	

3.包装

苗木运输前，可用草帘、蒲包、麻袋和草绳等包裹绑牢，每包50株，包内苗根和苗茎要填充保湿材料，以达到不霉、不烂、不干、不冻、不受损伤等为准。包内外要附有苗木标签，以便识别。

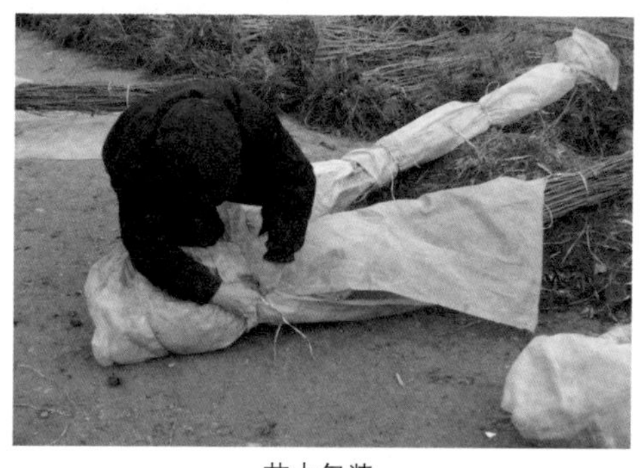

苗木包装

4.运输

苗木运输要注意适时、快捷，码放合理。汽车自运苗木，途中应用苫布将苗木严实覆盖，捆刹结实，防止苫布被风刮起。做好防雨、防冻、防干、防失等工作，确保苗木根系不受冻害和失水过多的危害。到达目的地后，要及时接收，尽快在预先挖好的假植沟内假植。

苗木假植

第四章

丰产园的建立

一、园地的选择

园地选择要考虑梨树对气候条件、土壤条件以及社会条件等要求，选在梨的生态最适宜区或适宜区，并远离城镇、交通要道（如公路、铁路、机场、车站、码头等）及工业“三废”排放点，并具有持续发展的潜力。

（一）气候条件

1. 温度

梨树经济区栽培的北界，与1月平均温度密切相关，白梨、砂梨，不低于－10℃；西洋梨不低于－8℃，秋子梨以冬季最低温－38℃作为北界指标。温度过高亦不适宜，高达35℃以上时，生理即受障碍，因此白梨、西洋梨在年平均气温大于15℃地区不宜栽培，秋子梨在大于13℃地区不宜栽培。砂梨和西洋梨中的客发、铁头，新疆梨中的斯尔克甫梨等能耐高温。

2. 光照

梨树喜光，年需日照在1600～1700小时。相对光强35%以上时叶片光合速率高，低于15%时光合生产不良。光量多少与果形大小、果重、含糖量、糖酸比呈正相关，与石细胞数、果皮厚度呈负相关。

3. 水分

梨的需水量在树种品种间有区别，砂梨需水量最多，在年降水量1000～1800毫米地区，仍生长良好。白梨、西洋梨主要产在500～900毫米降水量地区，秋子梨最耐旱，对水分不敏感。

（二）土壤条件

梨对土壤要求不严，砂、壤、黏土都可栽培，但仍以土层深厚，土质疏松、排水良好的沙壤土为好。我国著名梨区，大都是冲积沙地，或保水良好的山地，或土层深厚的黄土高原。但渤海湾地区、江南地区普遍易缺磷，黄土高原华北地区易缺铁、锌、钙，西南高原、华中地区易缺硼。梨喜中性偏酸的土壤，但要求不严，在 pH 值 5.8 ～ 8.3 的土壤均可生长良好。不同砧木对土壤的适应性不同，砂梨、豆梨要求偏酸，杜梨可偏碱。梨亦较耐盐，但在 0.3% 含盐量时即受害。杜梨比砂梨、豆梨耐盐力强。

1. 丘陵山地建园

选址时要调查土壤类型、土壤厚度、植被、坡度、坡向、有机质含量和小气候等情况，应选土层厚度在 50 厘米以上，有机质丰富，坡度 15° 以下，坡向南、西、东，坡面完整连片的地段。北方山区要适地适树选择良种良砧，选小气候好的地方，要避开风沙口，在低凹地区要选有冷空气泄流出口的地方，充分利用原有的防风林、固沙林、水土保持工程、排水沟等基础设施。土质薄的山丘区，除了深翻扩穴、增施有机肥进行土壤改良外，逐年压土也是培肥土壤的有效措施。要注意防止水土流失，不断加固整修梯田。营造防风林，并结合生态建设在园界四周、山谷谷口及坡面大的地方都要植树种草。

丘陵山地梨园

2.沙荒地建园

河滩地梨园

沙土地的缺点是有机质含量低，植物生存条件不好。但沙土有一定的优势，如沙土地土质疏松，易于耕作，透水性好，增温快且温差大，结果早而品质优良，因此沙土地经过改造完全可以建立优质梨园。改造沙荒有平整土地、植树造林、深翻盖土、增施有机肥、设置沙障等方法。经过高标准改造的梨园，具有很好的经济效益。

3.果树连作障碍

在园地选择上，还要注意果树的忌地现象，即同一园地土壤上，前作果树为葡萄、苹果、核桃、桃等时，随后连作梨树，则后作梨树生长与结果会受到不同程度的抑制。果树的连作障碍在苗圃比果园表现更为严重。果树连作障碍的原因是多方面的。诸如前作果树根系分泌的自毒物质、残根分解物质、连作土壤中的根结线虫和有害微生物等，都对后作果树的生长与结果有强烈的抑制作用。

克服连作障碍的办法：一是挖除老果树和苗圃起苗以后，应尽量清除掉土壤里的残根。二是轮作 2 年以上的豆科和禾本科植物。三是新挖栽植沟或穴应避开原树位置，并且挖大的定植沟或穴，使沟穴暴晒一个夏季。四是增施有机肥、菌肥。

二、果园的规划

主要包括果园的土地道路系统、防护林、排灌系统等的规划与设计。园址选定后，要实地调查、测量，做出平面图或地形图，然后再图、地配合做出具体规划。建立几百亩、几千亩的大园，

涉及问题很多，必须把各方面的因素都考虑周全，做出合理的规划设计，再动手施工。

1. 土地规划

梨园面积大时，特别是山丘区，要根据地形、地势等把全园划分成若干小区，小区面积 50 ~ 100 亩，便于作业。地势平坦一致时，小区面积可 100 亩左右，地形复杂时可为 30 ~ 50 亩。梨树栽植的行向，坡地沿等高线栽植，平地则必须南北行向，这样有利于采光。分户承包管理集中连片发展的果园，也应统一规划种植。

2. 道路与建筑物规划

果园道路系统关系到管理和运输效率。道路一般由干路、支路和作业路组成。干路是梨园的主要道路，位置居中，把梨园划分成几个大区，内与建筑物、支路相连，外与公路连通，路宽 6 ~ 8 米，支路与干路垂直连接宽 4 米左右。作业路与支路连通，宽约 2 米便于人工和小型机械作业。面积大的果园还要设 3 ~ 4 米宽的环园路，以方便机械回转运行。在密植栽培的梨园，横向穿行困难，这就给人工作业管理带来极大的困难。因此小区南北宽度宜 50 ~ 70 米，每小区一侧相邻主路或支路，另一侧设置作业路。增加横向作业道，对密植梨园管理十分重要。可以大大减轻劳动强度，提高生产效率。例如采摘、喷药和中小机械运输等作业。山丘地果园道路设置可随弯就势，因形设路，要盘旋缓上为好，不要上下顺坡设路，路面内斜 3° ~ 4°，内侧设排灌渠。

梨园面积小时道路不可过多，与排、灌渠结合即可。

3. 防护林的设计与规划

营建防护林，不仅可以防止风沙侵袭，保持水土，涵养水源，还可调节果园的小气候，减少风害霜冻等自然灾害。防护林配置的方向应垂直当地主要风向。树种北方以高大的速生黑杨、毛白杨、苦楝、臭椿、沙地云杉等树种为宜，南方以桑树、桉树、水杉等树种为宜。从生态建设方面考虑，最好乔、灌木结合，落叶与常绿结合。灌木以枸橘、大叶黄杨、胶东卫茅、扶芳藤、紫穗槐、花椒、榆叶梅等树种

为好。增加常绿树种不但增强了林带冬春季节的防风效果，同时为有益天敌提供蔽护场所。应避免用与梨树有相同病虫害和互为寄主的树种，如桧柏和刺槐。防风林的有效防护范围为林木高度的 15 ～ 20 倍。一般果园的主林带距离 200 ～ 300 米，每带植树 3 ～ 5 行。副林带与主林带垂直栽植形成长方形林网，副林带相距 300 ～ 500 米，每带植树 2 ～ 3 行。

4. 排水、灌水系统规划

排灌系统是果园防止旱涝、霜冻等灾害和优质丰产的基本设施。无论采取何种灌水方式，都首先要解决水源 (河、湖、井、水库、蓄水池等均可) 问题；其次要解决输水系统，无论是管道还是明渠，干、支、毛渠三者垂直相通，与防护林带和干、支路相结合。主路一侧修主渠道，另一侧修排水沟，支路修支渠道。平原应每 100 亩打一口井，水井应打在小区的高地，平地应打在小区的中心位置。山地果园的蓄水池应设在高处，以方便较大面积的自流灌溉。山地果园的排水与蓄水池相结合，在果园上方外围设一道等高环山截水沟，使降水直接入沟排入蓄水池，以防止冲毁果园梯田、撩壕。每行梯田内侧挖一道排水浅沟，沟内作成小埂，做到小雨能蓄，大雨可缓冲洪水流势。

总之，在果园规划中，尽量增加果园面积，压缩非生产性面积，对自然条件要趋利避害，将园、林、路、渠协调配合，达到果树占地 90% 以上，非果树占地 10% 以下，其中以林占 5%、路占 3%、渠道占 1%、建筑物占 0.5% 的比例较为理想。

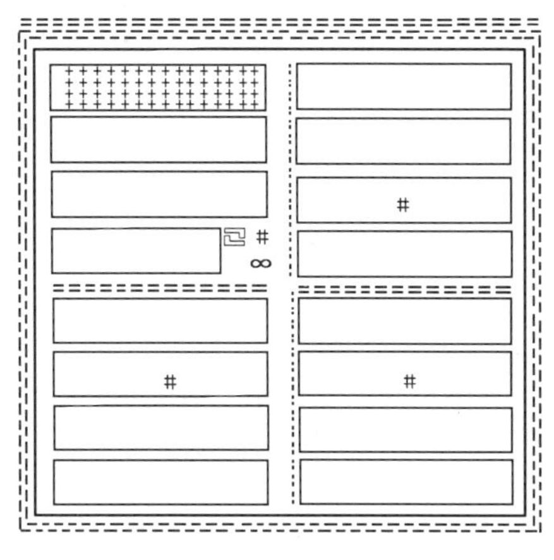

梨密植园规划示意图

三、主栽品种与授粉品种的配置

梨树品种绝大多数自花不实，在定植时必须配置适宜的授粉树。根据果园规模大小确定1～3个品种为主栽品种，占全园的80%左右，使主栽品种能形成批量商品。如果有多个品种都比较好时，就要根据市场情况，挑选销路、效益最好的品种定为主栽品种。授粉品种要选经济价值较高、丰产、适应当地生态条件，并与主栽品种花期相一致，授粉亲和力好、花粉量大、花粉发芽力高、能互相授粉，以及成熟期、始果期相一致的品种(见表4-1)。

表4-1　优新品种的授粉品种

栽培品种	授粉品种	栽培品种	授粉品种
早金酥	94-7-44、94-7-79 、华酥	若光	丰水、金二十世纪、园黄
新梨7号	鸭梨、雪花梨、砀山酥梨	爱甘水	丰水、金二十世纪、鸭梨
早金香	早酥、八月红、红香酥	园黄	丰水、雪青
中梨1号	早酥、新世纪、雪花梨	金二十世纪	丰水、雪花梨、鸭梨
西子绿	黄冠、早酥、中梨1号	华山	园黄、幸水、金二十世纪
早酥红	苹果梨、鸭梨、雪花梨	满丰	丰水、华山、甘川
翠冠	黄冠、清香、新雅	秋月	喜水、南水
初夏绿	翠冠、清香	黄金梨	丰水、黄冠、早酥
翠玉	翠冠、清香	晚秀	园黄、丰水
雪青	中梨1号、鸭梨	利布林	巴梨、茄梨
玉绿	鄂梨2号、翠冠	早红考蜜斯	三季梨、巴梨
鄂梨2号	翠伏、玉水、二宫白	三季梨	茄梨、红巴梨、红考蜜斯
黄冠	冀蜜、鸭梨、雪花梨	红巴梨	早红考蜜斯、凯思凯德
玉露香	黄冠、红香酥、雪花梨	阿巴特	巴梨、考西亚
红月	早酥、华酥	红考蜜斯	巴梨、日面红、早红考蜜斯
红香酥	雪花梨、中梨1号、黄冠	康佛伦斯	红巴梨、红考蜜斯、丰水
寒红梨	苹香梨、金香水	凯思凯德	红考蜜斯、丰水、五九香
美人酥	红酥脆、中梨1号、红香酥	派克汉姆斯	早红考蜜斯、凯思凯德
满天红	美人酥、红香酥、中梨1号		

授粉品种栽植数量不宜过多，一般主栽品种3～4行配1行授粉品种。如两个品种都好，能相互授粉，可以等量间栽(3 ：3)。小果园可加大主栽品种的比例，但为防止因天灾或小年时授粉品种花粉不足，应栽植两种授粉品种。

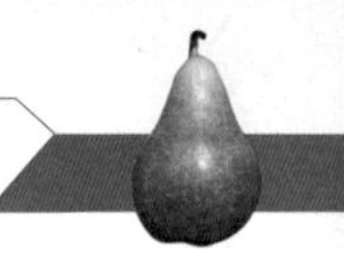

四、定植时间

从秋末落叶至早春萌芽前均可栽植，但不同地区栽植的最佳时期不同。温暖地区冬季前栽比春季栽的成活率高，并且发芽早、生长快，因为冬栽苗木的根系比春栽的能提早愈合和生根。但寒冷干旱地区冬前栽植苗木易抽干，需埋土防寒，所以生产上多采用春季定植的方式。

五、定植密度与方式

梨园的高效能，首先要靠合理密植实现，优质丰产一靠日光，二靠地力。合理密植能更好地利用日光和地力。定植密度要依据栽植的品种特性、砧木、树形、果园地势、土壤情况、作业方式等决定。乔砧、大冠、势强的品种宜稀植。反之，树冠小、短枝型的品种可密植。山地、贫瘠地可密些，平坦、肥沃地可稀些。采用传统的疏散分层形树形梨园，株行距 2 米 ×5 米或 3 米 ×5 米，控制树高小于行距的要求难度小，更方便生产管理，有利于提高产量和品质，长期维持较容易。如株行距 2 米 ×5 米密度，采取计划密植方式，按隔株设临时株计划管理，对临时株轻剪拉枝促早期产量，在产量稳定提高的基础上，逐渐削减临时株枝量为永久树让路，待枝量、产量上来后，再间移或间伐临时株，使株行距 2 米 ×5 米变成 4 米 ×5 米密度，既充分利用光能和地力，又保证丰产、优质，管理容易。棚架栽培也适合采取这种计划密植的方式，先按株行距 2 米 ×6 米定植，最后变为 4 米 ×6 米。

密植园隔行间伐效果（朱立武提供）

近年来，我国发展的矮化密植梨园，采用圆柱形或纺锤形整形修剪，株行距为 1 ～ 2 米 ×4 ～ 5 米。

栽植方式多种多样，生产上应用最多的为长方形栽植，即行距大于株距，通风透光好，便于行间作业和前期间作，是平原大面积果园

栽培的最佳方式。

南北行向有利阳光均匀分布，光能利用率高，尤其是在密植的条件下极为重要。在山地为了保持水土的需要，只好按等高线安排行向，但因上行树高下行树低，树冠错落，对光照影响不大。

华北地区高产优质的果园要做到：行向南北，树高不超过行距的70%，树冠要保持上小下大的钝三角，树行宽度不超过 3 米，重叠和平行的大枝保持 1 米左右的间距。只有这样的群体结构，才能保证树冠底层叶片有 3 小时的直射光照，日均相对光强达到 30% 以上，满足梨叶片高光合速率的需要，为提高优质果率的生产打下良好基础。

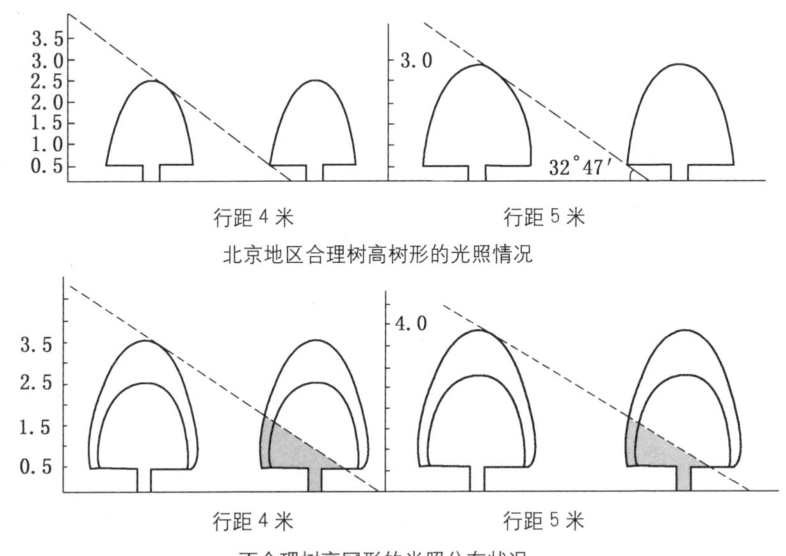

北京地区合理树高树形的光照情况

不合理树高冠形的光照分布状况

如果树高超过了上述指标，树冠低部位叶片就不能获得 3 小时的直射光照，造成树冠低部位的果品质量降低。

六、定植技术

1.测量打点

梨树定植前要做好充分的准备工作，采用不同的打点方法，决定

了定植苗木的速度和质量。一般的打点方法是定点标记后，在挖沟、穴时原有标记被破坏，定植时再重新拉测尺找点栽种，进度十分缓慢，苗木根系被长时间风吹日晒，极大地影响了成活率和长势。如果大面积定植，最好采用定植板法，不但省去了重新定位的麻烦，而且可以多人多组多方位同时栽植，快捷而准确。方法是在打点前先准备 1 厘米左右粗，25 厘米长的木棍，每株树准备 3 根；做定植板，选 5 厘米宽，120 厘米长，1 ~ 2 厘米厚的平直木板，在木板中线和两端 3 厘米处各开 1 个 2.5 厘米宽、1.5 厘米深的 V 形豁口，就做成了定植板。准备工作就序即可开始测量打点。高标准打点应使用水平仪和钢卷尺测量，用水平仪先定出小区的南北方向边行点，然后转角 90° 测出东西方向行距点，再在每行端点定行向，用钢卷尺量株距并定点插上准备的木棍。这样测量后，每个定植点都准确插有一个木棍。最后再派人拿定植板比量，将每一定点插棍对入中心豁口，然后在定植板两端豁口也插上木棍，定位棍应东西分布，挖沟、穴时注意保护两侧的定位插棍。

定植板法打点

2. 挖沟或挖穴施肥

定植沟的宽度一般为 80 ~ 100 厘米，深度为 80 厘米，长度根据需要而定。定植穴一般长、宽为 100 厘米，深度 80 厘米。挖土时注意把 20 厘米的表层土与心土分别放两侧，回填时先将表土填入沟、穴底部，然后在挖出的土中掺入肥料回填，这样沟穴底层为 20 厘米表土，肥料层主要分布在沟穴深 20 ~ 60 厘米，沟穴表层再回填表土将沟填平。注意肥料要充分腐熟并与土混匀，以免烧根。最后浇水使沟中的土肥沉实。实践证明，定植施肥每亩需有机肥 2 ~ 4 立方，

即使有机肥很少，也要挖深沟大穴，回填表土代肥。大容积土壤的水气热状况被改善，可为根系生长创造良好的条件。

机械开沟

施底肥

3. 苗木准备

修剪根系和蘸根处理

根据栽植计划确定需要的苗木品种、数量，对选定的苗木首先要核定品种。在定植前一天，取出苗木，修剪根系，剪去劈裂根，剪平毛茬伤口后用清水浸泡，使苗木充分吸水。栽植前将苗木根系蘸掺有保水剂和发根素的泥浆。苗木要无破皮损伤，如有破皮应用塑膜包扎。

4. 定植方法

使用定植板确定栽苗位置

利用三点成一线的原理，用定植板比量两侧的木棍，即可准确找到挖沟、穴去掉的定点位置。定植时可分多组进行，每组3人，一人负责挖坑、埋土和踏实喧土，一人抱苗递苗，一人拿定植板定位将苗木对准中间豁口和掌握种植深度。要使苗干上原有土印稍高于地面，根系分层伸展，再分

层填土至坑平。

苗木定植示意图

在树基部培土并沿树的行向形成土垄或土埯，土垄的高度和宽度以能起到固定植株、防止风摇的作用为限。最后灌透水。使土壤沉实后苗干上的土印应基本与地面平行。

定植浇水后，地面稍干就应该尽快定干，最好套筒膜和覆地膜或地布，以保持土壤和苗木的水分。首先将树苗按整形要求进行定干修剪，一般定干高度为80厘米左右，剪口下的芽要饱满。土质差，坡度大的干旱山地，干宜低些。然后在苗干上套上口封好的塑料膜筒，筒的周长为16厘米左右，长度比干略长。在苗干的中部和下部各绑一道绳，以防漏气跑湿和被风吹坏，膜套底端埋入土中以接地气。套完后不久膜筒内应出现水汽，表明密封良好。套膜筒既有利于保水成活也有利于防止食芽害虫危害。

地膜、地布的宽度应与定植沟的宽度相同，以黑色地膜、地布抑制杂草的效果最好，并可保持土壤湿度减少灌水次数，还能提高地温，提高成活栽植成活率。

七、定植后的管理

1. 去薄膜

树苗展叶后先将扎在膜筒口和中部的绳解开，使嫩叶适应外部的温度和湿度，以后等新梢在膜筒长不下了，再选阴天将膜筒撤除。地膜因还起着抑制杂草和雨季防涝的作用，所以可以一直保留到秋季。

2. 补苗

发芽后全园检查，对死亡和晚发芽的弱株，在阴雨天用带土移苗法补齐，充分灌水，以利成活。为苗齐苗壮，可在栽植时选留8%的梨苗在大塑料袋中栽植，以备补苗。

3. 土肥水管理

定植后至树苗发芽前不必浇水。展叶后是否浇水则视土壤湿度而定。苗两侧 1 米内不可种植间作物，行间也不可间作高秆作物和深根性作物。

4. 病虫害防治

生长期注意及时防治象鼻虫、金龟子、梨茎蜂、红蜘蛛、梨木虱、蚜虫、浮尘子和黑星病、叶斑病等病虫害。

5. 防寒

北方地区为预防特殊年份发生冻害，可在枝干上涂白，在主风方向作防风土埯或压倒埋土保护幼苗。

梨园幼树管理

第五章 土肥水管理

梨的高产优质生产，土肥水管理是根本，是保证。栽与培缺一不可，栽是因地制宜，栽植良种；培是培养地力，使梨树在适宜的水、肥、气、热环境中良好地生长发育。土肥水管理的目标是土壤固、气、液三相比为40 ∶ 30 ∶ 30，有机质含量达到3%以上。达到这一指标，土壤的水、肥、气热条件最合理协调，保肥保水能力强，养分供应及时、充足，不会有缺素症发生。梨树生长健壮，增产潜力大，对自然界不利的因素有较强的调节能力。

一、土壤的改良与管理

梨园土壤改良与管理是梨树栽培技术的一项重要措施。对梨园的土壤进行科学管理，使梨树有一个良好土壤环境，并保证所需养分和水分及时充足的供应，不仅能促进梨树根系和树体的良好生长，增强树体的代谢作用，而且可以提高果实品质和产量。

1. 土壤改良

土壤改良是针对土壤的不良性状和障碍因素，采取相应的物理或化学措施，改善土壤性状，提高土壤肥力，增加梨果产量的过程。土壤改良工作一般根据各地的自然条件、经济条件，因地制宜地制定切实可行的规划，逐步实施，以达到有效地改善土壤生产性状和环境条件的目的。

土壤改良过程共分两个阶段：

(1) 保土阶段 采取工程或生物措施，使土壤流失控制在容许流失量范围内。如果土壤流失得不到控制，土壤改良亦无法进行。对于耕作土壤，首先要进行农田基本建设。

(2)改土阶段 目的是增加土壤有机质和养分含量，改良土壤性状，提高土壤肥力。改土措施主要是种植豆科绿肥或多施农家肥。当土壤过砂或过黏时，可采用砂黏互掺的办法。用化学改良剂改变土壤酸性或碱性的措施称为土壤化学改良。常用的化学改良剂有石灰、石膏、磷石膏、氯化钙、硫酸亚铁、腐殖酸钙、硫磺粉等，视土壤的性质而择用。如对碱化土壤需施用石膏、磷石膏等以钙离子交换出土壤胶体表面的钠离子，降低土壤的 pH 值。对酸性土壤，则需施用石灰性物质。化学改良必须结合水利、农业等措施，才能取得更好的效果。

盐碱土施用石膏降低土壤的 pH 值

2. 土壤管理方法

(1) 清耕法 (耕后休闲法) 就是梨园不间作任何作物，常年保持休闲，定期采取深翻松土、除草，使土壤保持疏松和无杂草状态。秋季结合施基肥深翻，在树盘内或行间挖 40 ~ 50 厘米深的沟或穴施有机肥。传统的清耕法，生物多样性差，对生态平衡不利。

清耕除草

(2) 生草法 就是在梨园行间播种一年生或多年生草种，或利用自然杂草的方法。要控制草的高度，每年针对与梨树主要竞争时期与草的长势刈割几次，原则上限制草高在 50 厘米以下，把割下的草覆盖于树下或作为家畜饲料，转化成有机肥再还给果园，

密植梨园行间种植黑麦

增加土壤肥力。

梨园生草的好处很多，除了充分利用空闲地、太阳能和就地培植肥源外，还有调节梨园的小气候、丰富梨园的生物种类、保持土壤湿度稳定、减少落果损失等作用。

人工生草的品种主要有禾本科的黑麦、黑麦草、早熟禾、鼠茅草等，豆科的紫花苜蓿、毛叶苕子、白三叶等，还可以种植油菜。可以利用的自然草种有二月兰、紫花地丁、苦菜、夏至草等。应用时应多草种分行种植，以增加生物的多样性，利于天敌的发生与繁衍。

白三叶

毛叶苕子

二月兰

苦菜

夏至草

紫花地丁

(3) 间作法 在幼树期，可以间作 1 ～ 3 年，利用行间空地种植草莓、花生、豆类或西瓜等低矮作物，以增加收入。切不可间作与梨树争光、争肥、争水的高秆作物和深根性作物，并注意加强肥水，以免影响梨树的正常生长发育。

幼树行间间作

(4) 覆盖法 覆盖法是梨园利用多种有机物质 (绿肥、秸秆、杂草和木屑等) 或地膜、地布等对果园行间或树盘地面进行全园或部分覆盖的管理方法。秸秆覆盖厚度要在 15 厘米以上，以后每年少量添加维持覆盖物厚度，才能达到预期效果。为防火灾和风吹，可局部和分段压土，近树干 30 厘米处不要覆草。有机物质覆盖可增加土壤有机质含量，改善理化性能，增加透气性、防止水分蒸发、增加土壤动物、微生物的种类和数量。地布、地膜覆盖 (分白、黑、银灰色) 主要覆盖行内，具有增温、保墒，防止裂果、促进果实着色，改善品质，减轻病害，提早果实成熟等优点。

地布覆盖

秸秆覆盖

(5) 林下养殖 可以在梨园中放养鸡、鸭、鹅等家禽。家禽以树遮阴，以杂草、虫类为食，产品天然、无污染，经济价值高，生产成本降低，同时还可以抑制杂草和害虫的发生，家禽粪便又为果园提供了优质肥料。林下养殖使果树种植业和家禽养殖业实现了资源共享、优势互补，循环相生、协调发展，是一种非常有发展前途的高效生态农业模式。

林下散养家禽

二、果园施肥

（一）梨园肥料使用原则

1. 施肥原则

以有机肥为主，化肥为辅，保持或增加土壤肥力及土壤微生物群落。提倡根据土壤分析和叶分析进行配方施肥和平衡施肥。所施用的肥料不应对果园环境和果实品质产生不良影响。

2. 允许使用的肥料种类

在生产过程中，要按照本果园认证的无公害、绿色食品生产要求，严格农家肥料、商品肥料和其他允许肥料的使用。农家肥料包括堆肥、沤肥、厩肥、沼气肥、绿肥、作物秸秆肥、泥肥、饼肥等。商品肥料包括商品有机肥、腐殖酸类肥、微生物肥、有机复合肥、无机（矿质）

将修剪下来的枝条粉碎，加入菌剂，堆制有机肥

肥、叶面肥、有机无机肥等。其他允许使用的肥料，系指由不含有毒物质的食品、鱼渣、牛羊毛废料、骨粉、氨基酸残渣、骨胶废渣、家禽家畜加工废料、糖厂废料等有机物料制成的，经农业部登记或备案允许使用的肥料。通过有机认证和有机转换期的果园，要根据有机栽培的要求，使用自己沤制的腐熟有机肥和经过国家认证的工厂化生产的有机肥。

使用旋抛机破碎菌棒混合畜禽粪便

3.禁止使用的肥料

在无公害、绿色梨生产中，禁止使用未经无害化处理的城市垃圾和含有金属、橡胶及有害物质的垃圾，硝态氮肥和未腐熟的人粪尿，未获准登记的肥料产品。有机梨生产则禁止使用一切采用化学处理的矿质肥料和化学肥料和城市污泥污水。

（二）梨树生命周期的需肥规律

梨树是多年生植物，个体大，从幼树长到大树，多年要从固定的土壤中吸收所必需的矿物质养分。这些养分来源，一是土壤的天然供给，二是每年施肥的补给。天然含量越用越少，只有补充施肥，才能确保梨树正常生长结果。施肥要依据梨树不同年龄阶段、不同生长发育阶段的需肥特性和需肥规律实施。做到按需供肥、平衡施肥，减少盲目施肥，避免浪费。

梨树所需必要的矿物元素氮、磷、钾、钙、镁、锌、铁、铜、硼、锰是依据其本身的需要有选择地主动吸收。梨树吸收各种矿物元素不是平均的，是按比例吸收的，这些矿物元素中，以氮、磷、钾三元素吸收比例最大，其他元素称为微量元素，需求量少，但也不可缺少。

1.不同年龄时期的需肥特性

梨树自幼树开始，直至整个植株死亡的全过程，叫做生命周期。生命周期按不同阶段的变化规律，又可分为生长期、生长结果期、盛果期和衰老期 4 个年龄时期。

(1) 生长期 从苗木定植开始到开花结果前为梨树的生长期。这一时期栽培管理和施肥的主要任务是促进梨树营养生长，加大枝叶量，尽快进入生长结果期。应有计划地深翻改土，施用有机肥，特别是含氮和磷多的肥料。

(2) 生长结果期 也叫初果期。这个时期施肥管理的主要任务是保证植株良好生长，增大枝叶量，培养骨干枝，尽快过渡到盛果期。施肥特点是继续深翻改土，增施有机肥，补充氮、磷、钾和微量元素等。

(3) 盛果期 梨树大量结果时期，且相对稳产高产。此期是果树一生中需肥量最高，对灌水、植保、修剪等管理要求严格的时期，特别要注意稳定树势和防止大小年结果现象的发生。施肥的特点是按树势和计划产量计算施肥量。

(4) 衰老更新期 该期是梨树一生的最后阶段，产量开始下降，新梢生长量很小，内部结果枝大量死亡，骨干枝枝老焦梢，基部易萌发徒长枝。此期施肥的主要任务是促进营养生长，更新结果枝，尽可能维持树冠，应加大氮肥供应量。

2. 梨树年周期的需肥规律

梨树在一年中生长发育的规律变化，叫做梨树的年周期。年周期中生命活动明显表现为两个阶段：即生长期和休眠期。生长期是指春季萌芽、展叶、开花、结果、枝条生长，花芽分化和形成，果实发育、

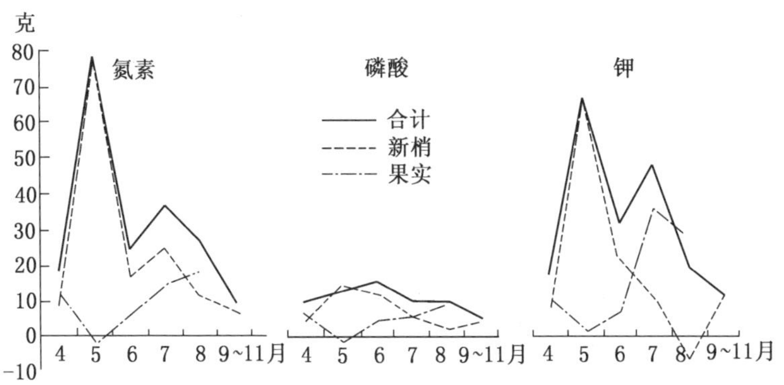

20 世纪梨成年树的养分吸收量（佐藤）

成熟，休眠等一系列地上部形态的变化。休眠期是指从落叶后到翌年春季萌发为止，在休眠期中，梨树仍进行着微弱的呼吸、蒸腾、吸收、合成等生命活动。梨年周期中生长发育的几个重要时期也是营养关键时期，应及时满足所需的营养条件。梨树生长前期，萌芽、发枝、展叶、坐果、成花，需氮素最多；生长中期和果实膨大期，钾的需要量增高，80%以上的钾是在此期吸收的；磷的吸收生长初期最少，花期后逐渐增多趋于平稳，全年没有明显的吸收高峰。图是日本的研究资料，各地可根据本地梨的物候期参照分析。

（三）施肥种类和施肥量的计算

根据平衡原理，梨树施肥量的经典计算公式为：

$$施肥量=\frac{需肥量-土壤供给量}{肥料利用率}$$

公式虽然非常简单，但影响公式中参数的因素众多，且梨树多年生，个体大，参数确定困难，公式难以直接应用。

早在20世纪70年代，我国的梨树栽培专家就进行了“梨树高、中、低肥的肥料试验”，取得了宝贵的实践成果，通过多年实际产量和施肥总量的计算，总结出在树体和土壤养分基本平衡的情况下，主要以与产量、树势和品种为依据的定量施肥方法。

以有机肥为主的梨园：白梨系、秋子梨系统品种每100斤果施纯氮0.4～0.6斤，日韩梨、西洋梨系品种每100斤果施纯氮0.6～0.8斤，弱树用上限值。氮磷钾比例为1∶0.5～1∶1，其中磷的施用量可以有一个变化幅度，这是由于梨对磷的丰缺反应不太敏感。但在可能的情况下多施磷肥，可以改善果实风味，特别是有助于增加果实的香气。然而在碱性土壤中磷肥过量有可能阻碍梨树对其他营养元素的吸收。

以施化肥为主的梨园，与以有机肥为主的梨园相比每100斤果增施纯氮0.2斤，氮磷钾比值不变。

未进入盛果期的梨园，密植园1～3年生、稀植园1～4年生，

以每株折合施纯氮 45 克为基础，氮磷钾比例为 1 ∶ 1 ∶ 0.8，每年比上年施肥量加倍。

计算步骤为：

1. 判断树体和土壤养分的营养状况

通过对梨树外部形态的观察，判断营养的丰缺和平衡状况，必要时辅以叶片化学诊断和土壤化学诊断。

(1) 根据梨树树势、树相和外部形态 梨树生长的环境优劣，各种营养元素的亏盈，都会在果树的外部形态上表现出来，通过树势、树相分析与所表现出来的外部形态，可以准确地判断梨树的缺素症状。

氮 氮是合成氨基酸的主要元素之一。也是核酸、磷酯、叶绿素、酶类、生物碱、苷类和维生素的组成成分。是梨树需要最多的一种元素，也是最重要的元素。氮素不足时，树体生长不良，叶片小而薄，绿黄色，果实小，叶早落，但果实色泽好。氮素过多则枝条旺长，叶片大而浓绿，果实皮糙肉粗，风味淡，不耐贮藏。

缺氮叶片呈淡绿至黄色

磷 磷是形成原生质、细胞核、磷脂、多种酶、维生素的主要成分之一，参与果树的吸收作用、光合作用以及蛋白质、糖、脂肪的合成和分解过程。磷可促进果树花芽分化、果实发育，提高果实品质、产量，促进根系生长和吸收能力，提高抗旱、抗寒、抗病能力。梨缺磷时，新梢和根生长发育不良。叶片变小，叶背脉络变紫色。新梢短，严重时落叶枯梢。果实色泽变暗，无应有香味，含糖量降低。

缺磷叶小厚、呈暗黄褐至紫色

钾 钾是梨树生命活动过程中重要的元素之一，钾参与糖、淀粉的合成和运转，具有促进光合作用，促进对氮的吸收，促进果实膨大

缺钾造成老叶枯焦

和成熟，提高树体枝干和果实的纤维素含量，提高果实品质和抗寒、抗旱、抗病能力等作用。梨树缺钾时，枝条细弱软化、生长差，叶片先呈棕绿色，随后叶缘逐渐焦枯，果实小且着色差，品质下降，易感病。

钙　主要分布于叶片和果实中，它既是树体结构物质，又是生长发育及代谢过程中所必需的特殊物质。梨树缺钙时，叶片小而脆弱，严重时梢尖枯死，花朵萎缩，新根短粗、弯曲，尖端褐变枯死。果实易发生生理病害，降低贮藏性能。缺钙是造成果实黑心病等的主要因素。

缺钙造成西洋梨顶腐病

镁　镁是叶绿素的组成部分，参与磷化物的生物合成。镁可促进果实肥大，增进品质。镁在树体内可以再分配利用，梨树缺镁时，先是基部老叶呈现失绿症，脉间变绿棕色，叶边缘仍绿色，严重时除叶脉外，叶片全部黄化，早期脱落。枝条细弯，果小，着色差，风味淡。

缺镁症状

铁　是多种氧化酶的组成成分，铁要参加叶绿素的形成和细胞内的氧化还原作用。一般土壤中都不缺铁，但在含钙多的盐碱地和含锰铝较多的酸性土壤中，或在土壤湿度过大的情况下，铁易被固定或不易被吸收，梨树常因缺铁发生失绿症。铁在树体内多以高分子化合物形态存在，不能再利用。梨树缺铁，幼叶失绿变黄，叶脉绿色，随病情加

梨树缺铁造成叶片失绿

重叶片甚至白化，并出现褐色不规则坏死斑点和焦边现象，最后叶片脱落。病树枝条细弱，发育不良，严重时出现枯梢。

硼 硼具有促进光合作用和蛋白质形成，促进碳水化合物的转化和运输，促进花粉发芽和花粉管生长，提高坐果率等作用。缺硼时，梨叶厚而脆，新梢从顶端枯死，顶梢成簇状，受害小枝叶片变黑而不脱落，严重时花雌蕊发育不良，坐果差，果实表面凹凸不平，果肉干硬或木栓化，果实畸形，称缩果病；有些品种果皮上出现淡黄色凹陷斑点，果肉褐色木栓化，称果实木栓化斑点病，风味差，失去商品价值。

红安久梨缺硼造成果肉木栓化

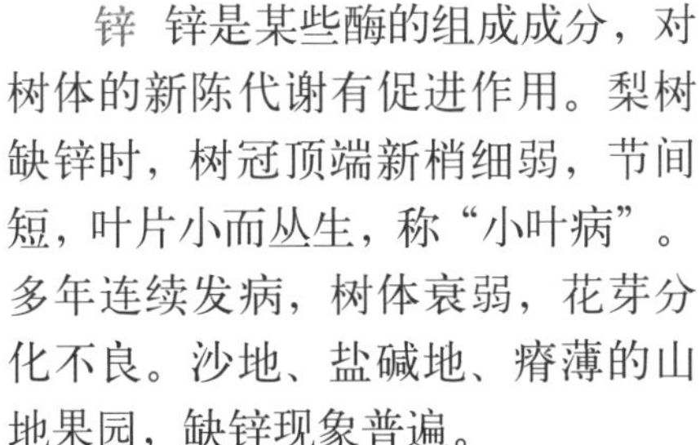

锌 锌是某些酶的组成成分，对树体的新陈代谢有促进作用。梨树缺锌时，树冠顶端新梢细弱，节间短，叶片小而丛生，称“小叶病”。多年连续发病，树体衰弱，花芽分化不良。沙地、盐碱地、瘠薄的山地果园，缺锌现象普遍。

梨树缺锌造成的小叶病

锰 锰在叶绿素中参与光合作用，促进光合产物的合成与运转。锰在树体内移动性较差，但区别于其他微量元素。梨树缺锰时表现为叶脉间失绿，叶脉为绿色，即呈现肋骨状失绿。这种失绿从基部到新梢都可发生（不包括新生叶），一般多从新梢中部叶开始失绿，向上下两个方向扩展。叶片失绿后，沿中脉显示一条绿色带。锰过多时，会导致粗皮病，抑制三价铁还原，常会引起缺铁。

梨树缺锰症状

梨树外部形态营养诊断比较直观、简单、方便、准确、可靠，用目测方法来判断营养的丰缺，适用于各类土壤和各个年龄时期的果树。

(2) 叶片化学诊断和土壤化学诊断 叶片化学诊断和土壤化学诊断指标见表 5-1、表 5-2。如发现问题，氮、磷、钾等大量元素可对施肥的比例和数量进行调整，其他元素确定丰缺后，可通过施肥或根外追肥的方法进行调节。

表 5-1 梨叶营养诊断指标

	氮 (%)	磷 (%)	钾 (%)	钙 (%)	镁 (%)	铁 (mg/kg)	锌 (mg/kg)	锰 (mg/kg)	铜 (mg/kg)	硼 (mg/kg)
鸭梨	2.03	0.12	1.14	1.92	0.44	113	21	55	16	21
西洋梨	2.3 ～2.6	0.15 ～0.35	1.2 ～2.0	1.2 ～1.8	0.25 ～0.5		20 ～50	20 ～50	6 ～20	25 ～45
新高	2.478	0.138	1.910	1.426	0.294	96.71	197.7			35.06

表 5-2 果园土壤有机质和养分含量分级指标

养分种类	极低	低	中等	适宜	较高
有机质 (%)	<0.6	0.6 ～ 1.0	1.0 ～ 1.5	1.5 ～ 2.0	>2.0
全氮 (N%)	<0.04	0.04 ～ 0.06	0.06 ～ 0.08	0.08 ～ 0.10	>0.1
速效氮 (mg N/kg)	<50	50 ～ 75	75 ～ 95	95 ～ 110	>110
有效磷 (mg P/kg)	<10	10 ～ 20	20 ～ 40	40 ～ 50	>50
速效钾 (mg K/kg)	<50	50 ～ 80	80 ～ 100	100 ～ 150	>150
有效锌 (mg Zn/kg)	<0.3	0.3 ～ 0.5	0.5 ～ 1.0	1.0 ～ 3.0	>3.0
有效硼 (mg B/kg)	<0.2	0.2 ～ 0.5	0.5 ～ 1.0	1.0 ～ 1.5	>1.5
有效铁 (mg Fe/kg	<2	2 ～ 5	5 ～ 10	10 ～ 20	>20

2. 评价树势情况

树势的判断标准为：壮势树，丰产稳产，枝条粗壮，芽体饱满，贮藏营养水平高，长枝占 5% ～ 10%，中枝占 10% ～ 15%，短枝占 80% ～ 85%；弱势树，贮藏营养水平较低，长枝少而短（或无），中枝占 10%，短枝占 90% 左右，花多果实小，产量低。

3. 按各种肥料的养分含量表或换算表计算施肥量（包括秋施基肥和第二年追肥）

正常情况下，按氮磷钾的适宜比例进行平衡施肥。个别营养元素缺乏时，针对性地进行补充。在施肥过量的情况下，过量元素对其他

营养元素的吸收有拮抗作用，应一方面减少过量元素的施用量，同时拮抗什么元素补什么元素。

计算举例：

例 1. 某日韩梨园，树体生长和果实发育基本正常，未发现缺素症状，树势中庸偏弱，计划亩产 4000 斤，单果重 0.6 ～ 0.8 斤。

理论计算：每 100 斤果应施纯氮 0.8 斤，氮 ∶ 磷 ∶ 钾比例为 1 ∶ 0.8 ∶ 1，100 斤果需 N ∶ P ∶ K =0.8 斤 ∶ 0.64 斤 ∶ 0.8 斤，4000 斤产量需 N ∶ P ∶ K =32 斤 ∶ 25.6 斤 ∶ 32 斤。

实际每亩用肥：

1 方鸡粪 N ∶ P ∶ K = 26 斤 ∶ 24.6 斤 ∶ 13.6 斤

1 方牛粪 N ∶ P ∶ K = 5.8 斤 ∶ 2.7 斤 ∶ 6.8 斤

总计：31.8 斤 ∶ 27.3 斤 ∶ 20.4 斤

与理论值相比，每亩用 1 方鸡粪加 1 方牛粪，氮、磷基本满足需要，但钾偏少，需补钾 11.6 斤（约合硫酸钾 23 斤）。

例 2. 果园条件同例 1，但以施化肥为主，有机肥为辅。

理论计算：每 100 斤果应施纯氮 1 斤，氮∶磷∶钾比例为 1 ∶ 0.7 ∶ 1，100 斤果需 N ∶ P ∶ K =1 斤 ∶ 0.7 斤 ∶ 1 斤，4000 斤产量需 N ∶ P ∶ K =40 斤 ∶ 28 斤 ∶ 40 斤。

实际每亩用肥：

1 方猪粪，氮 ∶ 磷 ∶ 钾 = 9.0 斤 ∶ 8.1 斤 ∶ 6.3 斤

三元素复合肥（15–15–15）133 斤 =20 斤 ∶ 20 斤 ∶ 20 斤

总计：29 斤 ∶ 28.1 斤 ∶ 26.3 斤

与理论值相比，还需补氮 11 斤（约合尿素 22 斤），补钾 13.7 斤（约合硫酸钾 27 斤）。

常见肥料养分含量折合含量分别见表 5-3、表 5-4。

表 5-3　常见肥料养分含量（占鲜重）

注：有机肥的养分含量各地可能会有差异，有条件应在使用前进行测定

种类	有效成分（%）				
	水分	有机质	氮	磷（P_2O_5）	钾（K_2O）
人粪	78.2	20.0	1.00	0.50	0.37
鸡粪	50.5	25.5	1.63	1.54	0.85
猪粪	81.5	15.0	0.50	0.45	0.35
马粪	75.0	21.0	0.20	0.16	0.56
牛粪	77.5	14.6	0.34	0.16	0.40
羊粪	64.6	24.0	0.70	0.45	0.30
麻酱渣			6.59	3.30	1.30
棉子饼			3.41	1.63	0.97
菜籽饼			4.60	2.48	1.40
蚯蚓粪	37.0	7.3	0.82	0.8	0.44
鱼杂			7.36	5.34	0.52
酒糟渣	10.1		7.12	0.96	0.92
大豆饼		78.4	7.00	1.32	2.13
花生饼		85.6	6.40	1.25	1.50
麦秸	83.3		0.18	0.29	0.52
玉米秸	80.5		0.12	0.16	0.84
油菜	82.8		0.43	0.26	0.44
紫花苜蓿	83.3		0.56	0.18	0.31
苜蓿			0.56	0.18	0.31
草木樨		64	0.52	0.04	0.19
低位草炭			2.30	0.49	0.27
草木灰				2.10	4.99

表 5-4　常见肥料养分折合含量

种类	有效成分（斤）		
	氮	磷（P_2O_5）	钾（K_2O）
一方湿鸡粪	26.0	24.6	13.6
一方猪粪	9.0	8.1	6.3
一方牛粪	5.8	2.7	6.8
一方羊粪	11.2	7.2	4.8
一亩玉米秸	3.6	4.8	25.2
一吨蚯蚓粪	16.4	16.0	8.8

（四）施肥时期和方法

1. 基肥

基肥是果树全年最基本的肥料，秋施基肥比冬施或春施效果都好。正好与根系第二次生长高峰和花芽、叶芽持续分化高峰需肥相一致。梨树根系第二次生长高峰是在暑期后地温下降时开始。因此，秋施基肥应尽早在中晚熟品种采收后开始施用，然后依次在晚熟品种采后及时施用。以利补充梨树养分大量消耗和果实采收造成的枝叶水分失调，提高叶片功能，延迟叶片衰老。增加树体贮存营养水平，有利于提高花芽质量和枝芽充实健壮。

秋施基肥应注意以下要点：施肥时间宜早不宜晚。北京地区在 8 月底至 10 月上旬最好，过晚达不到上述效果。施肥种类以腐熟的有机肥为主，加入全年要施用的磷肥和少量氮肥，对恢复结实后的树体很有帮助。施肥方法，以沟施为宜，沟深 40 ～ 50 厘米，宽 40 厘米，结合深翻改土扩树盘施肥效果更好。旋肥时要注意将肥料捣细和土壤掺匀，施后一定要结合灌水，才能及时发挥肥效。有机栽培的梨园，基肥中不要掺入氮、磷、钾化肥，磷肥可施磷矿粉或骨粉，钾肥可施钾长石粉或草木灰。

开沟机开沟

使用开沟机开沟施用有机肥效果

2. 追肥

(1) 萌芽前或开花前追肥　春季为器官生长和建造时期，根、枝、花的生长随气温的上升而加速，开花、授粉、受精都要消耗体内贮存的养分，这时追施速效氮肥就可以缓解体内养分不足和萌芽开花需要消耗较多养分间的矛盾，促进萌发和新梢生长，减少落花、落果。

(2) 落花后追肥　落花后新梢旺盛生长和大量坐果，都需要大量养分，花后及时追施氮肥，可以促进新梢生长和减少落果，为果实细胞分裂和花芽分化创造良好的营养条件。坐果后新梢开始大量生长，是一年中的生长高峰，可根据树势情况决定，对树势较弱的可补施氮肥。一般可不必再追肥。

(3) 幼果及花芽分化期追肥 北京地区在 5 月中旬至 6 月下旬，此时正是花芽分化期和根系第一次生长高峰期，需要大量的氮、磷、钾和微量元素。该期追肥应以氮肥为主，配合磷、钾肥。

(4) 果实膨大期追肥　早熟梨果采前 40 天，中晚熟梨果采前 50 ~ 60 天，是果实开始膨大时期。为提高果实产量，增进品质，增加经济效益，追肥应以钾肥为主，氮磷肥结合施用。

梨园在正常秋施基肥的基础上，追肥的次数可酌情减少，以利管理，可重点放在幼果及花芽分化期和果实膨大期。

追肥方法一般采用放射状、条状、环状沟施或穴施，深度 10 厘米左右。追肥要结合灌水。

使用施肥枪进行追肥

液压式施肥枪施肥是以水泵式机动喷雾器为动力，配上专用的施肥枪在土壤中施入液体肥料。1 个人 1 天可以完成 7 亩果树的施肥作业，是传统开沟施肥方法效率的 8 倍，适合土质疏松的地区应用。四川省农科院的研究表明，用施肥枪施肥，肥料利用率可以由传统施肥方法的 40% 左右提高到 80%，梨果的糖度提高 1.5 度。

（五）根外施肥

果树除根可吸收养分外，也可通过茎、叶、果皮等器官吸收养分。将配成一定浓度的肥料溶液喷洒、涂抹、注射到果树的茎、叶、果实上，以满足果树生长发育所需、提高果实质量和产量的施肥方法称为根外施肥。

根外施肥具有直接供给树体养分，可防止养分在土壤中的固定和转化。有些易被土壤固定的元素如铁、锌、硼等，通过根外施肥，经济高效。在干旱无浇水条件的果园或根系生长不良的弱树，通过土壤施肥不能取得明显效果，可采用根外施肥。根外施肥肥料利用率高，损失少，效果好，肥效快。尿素喷施后 1 ～ 2 天即可见效，而土壤施肥则需 5 ～ 7 天才能显示效果。因此，若遇突发性自然灾害时，根外施肥可及时辅助恢复树势，减少和补救损失。另外，根外施肥成本低，肥料用量少，一般只相当于土施量的 1/10 ～ 1/5，且施肥均匀，可与根部施肥产生互补作用。特别对密植弱树补肥，更具有重要作用。

必须注意的是，果树需要大量的营养元素，还是要通过土壤施肥来供给的，根外施肥仅是一种辅助施肥措施。土壤施用有机肥不仅养分全，而且能够改良土壤结构，促进根系对养分的吸收。

梨树根外追肥的时期与次数，要参考梨树养分的吸收规律、土壤施肥量和树的表相，才能收到优质高效的良好效果见表 5-5。根外追

表 5-5　梨树叶面喷肥的种类、浓度、时期和次数

元素	化肥名称	浓度%	施用时间	次数
氮	尿素	0.30 ～ 0.5	花后至采收前	1 ～ 2
氮	尿素	1 ～ 3	落叶前一个月	1
氮	尿素	2 ～ 5	落叶前 1 ～ 2 周	1
磷	过磷酸钙	1 ～ 3	花后至采收前	2 ～ 4
钾	硫酸钾	1	花后至采收前	3 ～ 4
磷钾	磷酸二氢钾	0.3 ～ 0.5	花后至采收前	2 ～ 4
镁	硫酸镁	0.5 ～ 1	花后至采收前	3 ～ 4
铁	硫酸亚铁	5	花芽膨大期	1
铁	螯合铁	0.05 ～ 0.10	花后至采收后	2 ～ 3
钙	瑞恩钙	0.1	花后 2 ～ 5 周内	2 ～ 3
钙	硝酸钙、氯化钙	0.3 ～ 1.0	花后 2 ～ 5 周内	2 ～ 3
锰	硫酸锰	0.2 ～ 0.3	花后	1
铜	硫酸铜	0.05	花后至 6 月底	1
锌	硫酸锌	5	花芽膨大期	1
硼	硼砂、硼酸	0.2 ～ 0.4	花期	1
氮磷钾等	人畜尿	5 ～ 10	落花 2 周后	2 ～ 4
氮磷钾钙等	禽畜粪浸出液	5 ～ 20	落花 2 周后	2 ～ 4
钾磷等	草木灰浸出液	10 ～ 20	落花 2 周后	2 ～ 4

肥的方法以叶面喷肥最为普遍，可结合病虫害防治一起进行，此外还有树干注射、树干打孔包埋、枝干涂抹等方法。

叶面喷肥

树干打孔埋入营养胶囊

树干滴注营养注射肥

三、水分管理

水对梨树的生命活动起着决定性作用，只有科学供水，保持土壤适宜含水量，才能保证梨树养分的吸收、制造、运输等生理代谢活动的正常进行，促进根、枝、叶、花、果实的分化和生长，达到丰产优质高效的目的。

（一）供水技术

1. 灌水时期

(1) 根据梨树物候期对水分的不同要求，确定灌溉时期 1 年中不

同的生长发育时期需水量有差别。下述 5 个重要物候期须注意对水分的管理。

①萌芽期　春季萌芽开花期，一般认为梨树经过冬季的寒冷和干旱，饥渴待补。但根据北京市农林科学院林业果树研究所的多年监测，北京地区由于冬春季节温度低，土壤和树体蒸发量小，春季多数土壤的含水量并不低。如果秋季施肥灌了水，萌芽前的灌水可以免除。秋季未灌水的梨园，发芽前灌水，对新根生长、萌芽、开花、坐果率、幼果细胞分裂增加数量等有明显作用。这次灌水可采用树冠垂直投影外开 40 厘米宽、20 ~ 30 厘米的沟，进行沟灌，即可满足树体春季生长的需要。如果灌溉后结合覆黑色地膜、地布，就可有效减少土壤水分的蒸发和稳定，防止行内长草。

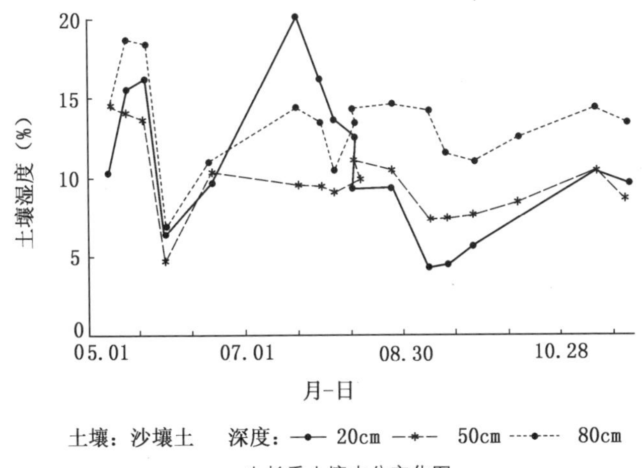

生长季土壤水分变化图

②花后　随着落花坐果，梨开始进入新梢旺长期，是全年的需水临界期，传统上要求灌足灌透，促进春梢加速生长，早长早停，以增加早期功能叶片数量，并可减轻生理落果。最新研究表明，梨树有一半根系充足灌水就可满足需水临界期的生长需要。适度干旱可减少蒸腾耗水，提高根系的吸水能力和水分利用率，增强植株的抗性，控制过旺的营养生长，促进营养生长向生殖生长转化。因此，此次灌水可以采用隔行灌溉的方法，省工、省时、节约用水。

③花芽分化和幼果生长期 这是全年控水的关键时期，应通过控水控制新梢适时停长，转入花芽分化期。此时维持田间最大持水量的60%即可正常生长发育。如果干旱，可在上次灌水的基础上隔行交替灌小水解渴。

④果实迅速膨大期 需水较多，对水分十分敏感。水分供应保持充足而稳定，促使果实细胞充分膨大和果个发育整齐。如果此期干旱缺水，常导致水分生理失调病症。为提高果实品质，采收前20天需控水，可提高可溶性固形物的含量。水分过量时，果实含糖量降低。

⑤采收后 果实采收后，结合秋施基肥，清理果园，深埋杂草，对施肥部位进行灌水，以使土壤沉实和肥料充分溶解，促进秋根的生长和秋叶的光合作用，提高花芽分化的质量，增加树体贮存养分和越冬能力。

(2) 根据天气、土壤含水和树体叶片情况，确定灌水时期 春夏季节气温高，干热风频繁，久旱不雨的地区，蒸发强烈，树叶在中午前后出现萎蔫现象，且一夜过后不能很好恢复时，应立即灌水。同时，还要千方百计蓄水保墒，稳定土壤水分比灌水更重要。

总之，生产上应根据梨树不同物候期的需水规律结合天气、土壤等情况，考虑灌水时间，以达到提高水分利用率、优质丰产的目的。

2. 田间灌水量的测算

使用张力计测定土壤墒情，指导灌溉

最适于梨树生长发育的土壤含水量为最大持水量60%～80%，低于这个数值时，就会影响树体生长，就需要浇水，差值越大，浇水量越大。反之，超过这个数值，土壤含水饱和积水时，就需排水。不同土壤类型容重和田间最大持水量见表5-6。

表 5-6　不同土壤类型容重和田间最大持水量

土壤类型	土壤容重（吨／立方米）	田间最大持水量（%）
黏土	1.3	25 ～ 30
黏壤土	1.3	23 ～ 27
壤土	1.4	23 ～ 25
沙壤土	1.4	20 ～ 22
沙土	1.5	7 ～ 14

灌水量 = 灌水面积 × 灌水深度 × 土壤容重 ×（田间持水量 － 灌前土壤湿度）

例如，要计算 1 亩 (667 平方米) 梨园 1 次灌溉用水量，要求灌水深度为 1 米，测得灌水前土壤湿度为 15%，土质为壤土，上表查出 1 立方米土壤容重为 1.4 吨，其田间最大持水量为 25%。分别代入上式：

灌水量 =667 平方米 ×1 米 ×1.4 吨 ×(0.25 － 0.15)=93 吨

梨园每亩 1 次需灌水 93 吨，, 但实际灌水量还要看天、看地、看树、看灌水方式、看树龄、物候期和实际灌溉面积等加以调整。梨园的实际灌溉面积还要除去道路、部分行间，采用漫灌，实际需水量 1 亩约为 70 吨。

3. 灌水方法

梨园灌水方法有多种，应本着高效、实用、省水、便于管理和机械化作业方便的原则进行。此外，还要因地形、地势、栽植方式和承受能力而选定。

(1) 微灌　在条件好，财力充足时，此法最先进合理。一是省水，不流失，少蒸发，比明渠灌溉省水 75%，比喷灌省水 50% 以上，在水源缺的地方很适用；二是最能按梨树需水规律供水，供水量平衡，土壤中水、肥、气、热容易协调；三是节省土地和劳力，便于现代化操作，还可以防止土壤盐渍化。不管丘陵、沙区、平原、旱塬都很适用，是现代化梨园管理的基本设施。微灌又分为滴灌和微喷灌。滴灌是利用安装在毛管上的滴头，或与毛管制成一体的滴灌带将压力水以水滴状湿润土壤，一般每株树有 2 ～ 4 个滴头。通常将毛管和滴头放在地面上，也有将毛管和滴头放在地面以下，前者称为地面滴灌，后者称为地下滴灌。还可以在水中溶入一些肥料，进行随水施肥。

不同形式的滴灌

(2) 微喷灌　微喷灌是利用直接安装在毛管上，或与毛管连接的微喷头，将压力水以喷洒状湿润树冠下的土壤，湿润面积比滴灌大。微喷头有固定式和旋转式两种，前者喷射范围小，水滴小，后者喷射范围较大，水滴也大些，安装的间距也较大。也可以随水施肥。设备成本稍高与滴灌。

微喷灌

(3) 地面灌溉法　在我国普通梨园多采用大水漫灌方式。以单株或多株为单位修水平畦，或沿树冠两侧做成土埂（随树龄增长而向外扩展），全行或分段作长畦漫灌。水源不足的坡地可做成梯田、树盘等蓄水保蓄水工程并实施穴灌。

漫灌

（二）排水

旱要灌，涝要排，能灌能排，才能保证土壤水气热协调，实现梨园优质高效，旱涝保收。在降水集中的季节，低洼地或地下水位高的

梨园，常因雨水过大且集中，不能及时排水，造成局部或全园涝害。

尽管梨树耐涝，但积水时间过长，土壤中水多气少，会造成根系窒息而出现沤根现象。据观察研究，当土中氧气含量低于5%时，根系生长减退，低于2%～3%时，根系停止生长，呼吸微弱，吸肥吸水受阻，白色吸收根死亡。同时，由于土壤水分饱合造成的缺氧条件，而产生硫化氢、甲烷等有毒气体，以及乙醇等物质毒害根系而烂根，造成与旱象相似的落叶、死树等症状。

浙江梨园的排水系统

对于易涝多雨地区的梨园，从建园开始就应建设排水系统。排水系统不完善的应在雨季来临前补救配齐，防患于未然。排水系统应因势设施，顺地势、水势，挖干支通沟，排水于园外。地下水位高的梨园，可修台田栽梨树，每4行树挖1道排水沟，引水排入园周边的主排沟。

四、果园土壤局部改良保肥节水技术

我国人均水资源极度缺乏，果园土壤有机质含量低，自然降水与果树需水极不协调。建立水旱互补，雨水集蓄节灌，增加熟土层厚度，提高土壤肥力，增加土壤贮水力，减少土壤水分蒸发和植株无效蒸腾等高效优质综合技术模式，使土壤的供水同果树发育周期的需水尽可能协调一致，防止盲目性灌水造成的供水过多，水资源浪费等问题，达到既节水、保肥，提高水分利用率，又控制树体旺长，减少裂果，提高果实品质，降低果园生产成本，保证水肥资源的可持续利用和梨果业的良性可持续发展，是今后梨生产发展努力的方向和目标。下面介绍两种方法。

1. 穴贮肥水技术

穴贮肥水技术是针对我国丘陵旱薄山地苹果园严重缺水、缺肥和有机肥源紧缺的条件下发明的技术方法。具体操作步骤是：

穴贮肥水（王少敏提供）

(1) 做草把　用玉米秸、麦秸或稻草等扎紧捆牢成直径 15 ～ 25 厘米、长 30 ～ 35 厘米的草把，然后放在 5% ～ 10% 的尿素溶液中浸泡透。

(2) 挖营养穴　在树冠投影边缘向内 50 ～ 70 厘米处挖长、宽、深各 40 厘米的贮养穴（坑穴呈圆形围绕着树根）。依树冠大小确定贮养穴数量，冠径 3.5 ～ 4 米，挖 4 个穴；冠径 6 米，挖 6 ～ 8 个穴。

(3) 埋草把　将草把立于穴中央，周围用混加有机肥的土填埋踩实（每穴 5 公斤土杂肥、混加 150 克过磷酸钙、50 ～ 100 克尿素或复合肥），并适量浇水，每穴覆盖地膜 1.5 ～ 2 平方米，地膜边缘用土压严，中央正对草把上端穿一小孔，用石块或土堵住，以便将来追肥浇水。

一般在花后（5 月上旬），新梢停止生长期（6 月中旬）和采果后 3 个时期,每穴追肥 50 ～ 100 克尿素或复合肥,将肥料放于草把顶端,随即浇水 3.5 公斤左右。进入雨季，即可将石块拿掉，使穴内贮存雨水。一般贮养穴可维持 2 ～ 3 年，草把应每年换一次，发现地膜损坏后应及时更换，再次设置贮养穴时改换位置，逐渐实现全园改良。

2. 土壤局部改良交替灌溉技术

土壤局部改良交替灌溉技术是魏钦平等总结美国和韩国土壤管理成果与经验，并结合多年的研究和实践经验总结的一套技术方法。全年灌溉次数比常规灌溉减少，每次灌水量降低 60%，果实可溶性固形物提高，裂果率降低。具体方法：

(1) 挖施肥坑　在树冠内沿 30 ～ 40 厘米处挖 2 ～ 4 个长、宽、深各 40 ～ 50 厘米的坑，每亩施用 2 ～ 4 吨有机肥。第一次最好在树冠东南西北 4 个方向挖 4 个施肥坑，然后将腐熟的有肥料与上层土壤充分混合后（1/3 有机肥 + 2/3 土壤，填入离地面 20 ～ 40 厘米的土层内）。达到局部改良，集中营养供应，一次提高局部土壤有机质的目地。第二年施肥时，沿此穴扩展，逐年将树冠周围全部的土壤改良。

(2) 挖沟起垄　在施肥穴外顺行向或灌水方向，紧贴施肥坑外缘做深、宽分别为 30 ～ 40 厘米的灌水、排水沟。沟土翻至树下起垅，高度为 15 ～ 20 厘米，树干周围 3 ～ 5 厘米处不埋土，最终成为行间低，树冠下高的缓坡状。起垄可以增加熟土层厚度，侧沟干旱时用作灌水，夏季雨涝时可以排水。通过调节水分供应，控制树体新梢生长、提高产量、增加品质。

(3) 覆盖黑色地膜或地布　在垄上和施肥穴上面铺盖黑色地膜或地布，宽度依树龄、株行距的不同而有差异，每边约为 1 ～ 2 米。地膜和地布的作用是在早春提高地温，减少土壤水分蒸发，减少灌水次数和灌水量，减少杂草生长和病原菌蔓延等。

(4) 处理时间　挖坑施肥可结合施基肥进行，中熟品种在果实采收后，晚熟品种果实在采收前。未秋施基肥的可在春季土壤解冻后至萌芽前进行。以秋季施用有机肥，春天覆盖黑色地膜（地布）综合效果最好。

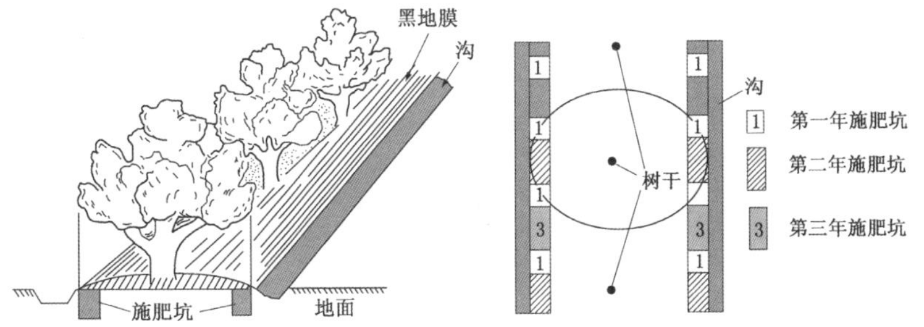

土壤局部改良施肥示意图

(5) 交替灌溉　每次灌水只灌树垄一侧沟，下次灌溉再灌另一侧沟，根据梨树的需水量实行交替灌水，达到控制新梢生长、节约灌水、调节树体、减少水分蒸腾、提高果实品质的效果。

交替沟灌

(6) 行间自然生草　行间的杂草自然生长，当草长到 50 厘米高时，进行刈割，将草控制在 50 厘米以下。

秸秆切碎机

使用秸秆切碎机割草效果

第六章

整形修剪

一、整形修剪的理论依据

1.梨树生长发育特点与整形修剪

(1) 顶端优势、干性表现特别强，枝条的生长差异大　中干及主枝延长枝易生长过强，形成抱合树冠和上强下弱的现象。主枝上由于延长枝生长过快，成枝力又较低，对侧枝如不注意培养，甚至不能培养出侧枝。

顶端优势会因枝条姿态而改变。

①直立枝：直立枝顶端优势最强，顶端枝以下的枝条受到强烈抑制。

②斜生枝：斜生枝顶端优势较强，顶端枝生长仍较强，但对其下的枝条抑制力减小。

直立枝枝条生长情况

斜生枝枝条生长情况

③平生枝：平生枝顶端优势较弱，顶端枝对后部枝条抑制力很小，使多数枝条生长均衡。

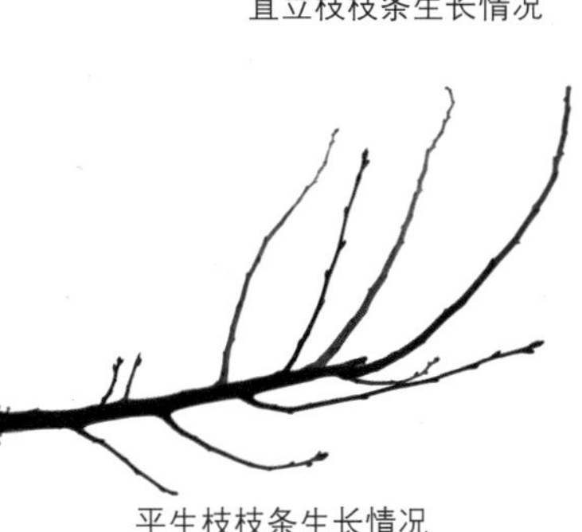

平生枝枝条生长情况

下垂枝枝条生长情况

④下垂枝：下垂枝的顶端失去优势，其后部的枝条反超过顶端枝条的长势。

(2) 幼树长势弱　梨树往往在定植后第一年选不出 3 ～ 4 个主枝，需要对所留下的枝条适度短截，注意平衡树势。中干延长枝要根据主枝选留情况短截，如果第一年没有留够主枝，则中干延长枝要适当重截，以在第二年选配齐一层主枝，使层内距不过大，长势也差不多。对主枝、主干外的临时枝要拉枝开角，使之形成较多的枝叶量，早结果。当临时枝影响到主枝延伸时，要用截、缩的方法来处理。

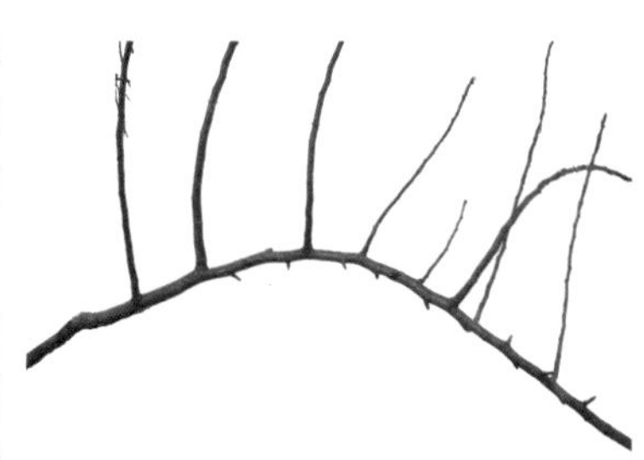
不正确的春季拉枝

(3) 幼树生长期发枝量少，分生枝条的角度小　在生长季对角度小的新梢要及时用牙签开角。整形修剪应尽量少疏枝或不疏枝，多行拉枝和目伤。开张主枝角度要从基部开始，角度一般为 50° ～ 60° ，不要一次拉到位，否则一次开角过大，夏季枝条背上易冒条。

(4) 结果枝组大多有单轴延伸的特性　在梨树修剪时，对成枝力弱的品种要尽量多运用短截的方法，使其多发枝。并在结果后及时地运用回缩方法，使其形成比较牢靠、紧凑的结果枝组。对中心干上的辅养枝、主枝基部的枝条要多留。要掌握逐步进行，分别培养，有空就留，无空就疏，不打乱骨干枝结构的原则来进行。要按树的个体和群体合理要求，对大枝伸展进行短截控制，甚至换头。避免株行间交叉郁闭的问题发生。

(5) 萌芽率高，成枝力很多较低　梨树的大部分品种，萌芽率都很高，但除西洋梨、秋子梨外，多数品种的成枝力较低。在幼树期修剪时，要特别注意对成枝力低的品种促生分枝，以便选择和培养主枝和其他骨干枝，同时要注意运用缩剪来控制结果部位外移，以利于树

体健壮发育和丰产稳产。

(6) 梨树隐芽寿命长，利于更新　梨树经修剪刺激后，容易萌发抽枝，尤其是老树或树势衰弱以后，大的回缩或锯大枝以后，非常易发新枝，注意及时抹去无用的新梢。

(7) 梨树的长枝有春、夏梢之分，但一般没有秋梢　梨树的长、中、短枝的划分与苹果基本相似。长枝是在中枝的基础上，又在芽外生长了一段新梢。春梢上的芽尖与枝条夹角较大，夏梢上的芽与枝条夹角小，在修剪的过程中，应充分利用这一特点，以利于新梢开张角度。

梨树长枝

2. 光照与整形修剪

现代集约化梨园获得高产优质成功的关键是解决好光照问题。光照好坏除与栽植密度、肥水管理等有关外，重要的是选择适当的整形方式和采用正确的修剪技术。

(1) 光照与整形修剪　梨园枝叶量过大，叶面积系数超过 4 时，一部分叶片就得不到光照，而变成无效叶片。这些无效叶片不仅不能制造营养，还消耗营养而成为寄生叶片。寄生叶片越多，必然影响到花芽的形成和果实的质量、产量。因此，要用整形修剪的方法给以调节，乔砧密植园和矮砧密植园的叶面积系数都要控制在 3 ~ 4。这就要求控制树冠高度，选用容易接受光照的小冠树形，主枝数目要少，不设侧枝、直接着生结果枝组等。用修剪的方法造成树密枝不密，枝枝见光，叶叶有效，使树冠上部、下部、内膛、外围都能生产出高质量的商品果实。

(2) 树冠光照强度与果树的营养生长和生殖生长　树冠内光照强时可削弱顶芽的向上生长能力，增强侧生生长，树姿开张，枝条粗壮，短枝多，叶片大而厚，光合效能高。光照不足时，枝条细长，不易形成短枝，叶片薄，光合效能低。光照强度又与花芽形成有密切关系，花芽形成的数量随光照强度的降低而减少。光照不足时不仅花芽形成少，还会引起落果和降低果实品质。无论从增加光合的效能，还是从提高果品的质量和产量来说，都应使果树树膛内保持适当的光照强度。因此，密植树修剪时要注意防止树体上强下弱，要提早开心落头，主枝或小主枝开张角度要大，结果枝组要以中小型为主，并尽量靠近骨干枝。对直立枝、竞争枝、徒长枝及早疏除，以便增加树冠内的光照强度。

(3) 直射光和散射光　果树可以接受两种形式的光照，一种是到达果树表面的直射光，一种是各个方向的散射光，要充分利用这两种光照。在密植园可采用开心形，如Y字形，这种树形可以充分接受直射光。也可采用树篱式整形，如折叠式扇形，树冠扁，南北成行，行间保持一定的空间，使来自各个方向的散射光得到充分利用。矮化密植树树冠底部常常是光照强度最低的部位，应铺设地表反光膜，以增加底部和内膛的光照。

地面铺设银色反光膜，促进果面着色

二、整形修剪的原则

1. 整形修剪技术要有利于树冠形成，在短期内达到一定的生长枝量，以保证早期丰产的结果体积。

2. 整形修剪技术要促进营养物质的转换和积累，有利于花芽形成，达到早结果、早丰产和稳产的目的。

3. 整形修剪技术要有利于光照。

4. 通过整形修剪达到控制树体大小，降低树体高度，方便人工和机械操作的目的。梨树极性较强，密植园由于株行距小，树体极易向上生长，应通过整形修剪加以控制。

三、整形修剪的时期

1. 休眠期修剪

也叫冬季修剪，指冬季梨树落叶后处于休眠状态到次年春季萌芽

以前这一时期的修剪。

使用气动修枝剪进行冬季修剪

2. 生长季修剪

也叫夏季修剪，指春季萌芽后到秋季落叶前这段时期的修剪，还可以细分为春季修剪、夏季修剪和秋季修剪。

夏季修剪剪去过密徒长枝

四、常见树形及其整形要点

梨生产中常见的树形有：主干疏层形、小冠疏层形、纺锤形、基部三主枝中干圆柱形、圆柱形和棚架形等。

（一）主干疏层形

又称疏散分层形，是大冠稀植的主要树形。该树形骨架牢固，层间距大，结果部位多，分布均匀，主侧枝

主干疏层形

开张角度大，冠内通风透光良好，产量高。多用于树势强、树冠大、干性强、较开张型的品种的乔砧稀植园。采用该树形的梨园，一般株距在4米以上，行距5～6米，每亩栽植22～33株。由于树冠高大，作业不便，近年来已很少使用。

（二）小冠疏层形

小冠疏层形

该树形是近些年梨树生产中常用的树形之一，多用于中度密植梨园。一般株距3～3.5米，行距4～5米，每亩栽植33～55株。

1.树体结构

树高3米左右，干高60～70厘米，冠幅3～3.5米，树冠呈半圆形。第一层主枝3个，层内距30厘米。第二层主枝2个，层内距20厘米。第三层主枝1个。第一层与第二层主枝间距80～100厘米，第二层与第三层主枝间距60厘米左右。主枝上不配备侧枝，直接着生大、中、小型结果枝组。

2.整形技术

定植后，选饱满芽处定干，定干高度80～90厘米。定植后2年内，在基部3个方向选出3个主枝，主枝间水平夹角以120°为最佳。在中央干上距第三主枝80～100厘米处选出第四、第五主枝，其伸展方向要位于基部三主枝的空间。距第五主枝60厘米处选第六主枝，其位置最好在南部，以免影响下部及邻株光照。主枝配齐后，适时落头开心。定植后的前几年，根据树冠生长情况，对中央干和主枝延长枝进行短截或长放。主枝要及时拉枝开角，基角50°，腰角70°左右。小冠疏层形主枝上没有侧枝，直接着生结果枝组，中央干上除主枝外其余枝条均可直接培养为结果枝组。梨树极性强，修剪不当易引起上强下弱，应在上部适当多疏枝，少短截，多结果，以果缓势。下部主枝上的枝条，根据情况适当多短截，以增强下部树势。

（三）纺锤形

纺锤形

该树形适于密植梨园。一般行距 3.5 ~ 4 米，株距 2 ~ 2.5 米。

1. 树体结构

树高不超过 3 米，干高 80 厘米左右。在中心干上着生 10 ~ 12 个大型枝组。从主干往上螺旋式排列，间隔 20 ~ 30 厘米，插空错落着生，均匀伸向四面八方，同侧重叠的大型枝组间距 80 ~ 100 厘米，与主干的夹角 70° ~ 80°，在其上直接着生中小结果枝组，大型枝组的粗度小于着生部位中干的 1/2，中小结果枝组的粗度不超过大型枝组粗度的 1/3。修剪以缓放、拉枝、回缩为主，很少用短截。

2. 整形技术

定植当年定干高度 80 厘米左右，中心干直立生长。第一年不抹芽，在中心干 60 厘米以上选 2 ~ 4 个方位较好、长度在 50 厘米以上的新梢，新梢停止生长时对长度 1 米的枝进行拉枝，一般拉成 70° ~ 80° 角，将其培养成大型枝组。冬剪时，中干延长枝剪留 50 ~ 60 厘米。第二年以后仍然按第一年的方法继续培养大型枝组。冬剪时中干延长枝剪留长度要比第一年短，一般为 40 ~ 50 厘米。经过 4 ~ 5 年，该树形基本成形，中干的延长枝不再短截。当大型枝组枝已经选够时，就可以落头开心。为保持 2.5 ~ 3 米的树高，每年可以用弱枝换头，维持良好的树势，并注意更新复壮。前 4 年冬剪时一般不对小枝进行修剪，其延长枝可根据平衡树势的原则进行轻短截。对达到 1 米长的大型枝组拉枝开角。未达到 1 米长的枝不拉枝。延伸过长、过大的大型枝组应及时回缩，限制其加粗生长，使其不得超过着生部位中心干粗度的 1/2。5 年生以上的大型枝组，如果过粗时，有条件的可以回缩到后部分枝处，或选定备用枝后在基部疏除。及时疏除中干上的竞争枝及内膛的徒长枝、密生枝、重叠枝，以维持树势稳定，保证通风透光，为提高梨果实品质打下基础。

（四）基部三主枝中干圆柱形

俗称“单层一心形”，是河北省石家庄市梨农自行创造出来的一种适宜密植的小冠树形。一般株距2～3米，行距4～5米，每亩栽植44～83株。

基部三主枝中干圆柱形（朱立武提供）

1.树体结构

干高60～70厘米，中心干明显。在中心干距地面60～120厘米的范围内，错落着生3～6个主枝，每个主枝与中心干的夹角70°～80°，其上着生大型枝组2个（其余为中小枝组）。中心干的上部不再培养主枝，而是每隔20～30厘米配置一个较大的结果枝组，一般为6～7个。待大量结果、树势缓和后，落头开心。树体的整个叶幕由基层主枝形成的叶幕和中心干结果枝组形成的叶幕构成，具有整形容易，便于管理等特点，而且成形后树冠内光照充足，有利于果实品质的提高。

2.整形技术

定植当年，定干高度要求80～100厘米，整形带内必须留足8～10个壮芽。对成枝力弱的品种，尤其是日韩品种新水、黄金等需进行刻芽或发枝素处理，否则不易达到基部3～6个主枝的树相要求。第二年，对中心干于80厘米左右处短截，并有选择地（间隔20厘米，且着生方向错落）进行刻芽。对基部抽生的枝条，原则上不再进行短截，于萌动后拉成70°～80°即可。但对生长势弱，长度不足60厘米者，需适度短截，以增强其生长势，尽快成行。第三年，对中心干延长枝不再短截。中心干上第二年短截后抽生的枝条，长放促花即可，但对长势强、角度直立者需进行拉枝（70°～80°）。

因上述整形方法拉枝角度大，且数量较多，易于背上萌出徒长枝，故需加强抹芽、摘心、扭梢等项夏季修剪工作。

（五）圆柱形

圆柱形

圆柱形树形，又称主干形、细长纺锤形，是国外梨树密植常用树形，也是我国梨密植栽培中推广的主要树形之一。这种树形适合（1 ~ 2）米 ×（4 ~ 5）米的株行距，每亩栽植 66 ~ 166 株。

1. 树体结构

树高 3 ~ 3.5 米，中心干直立，着生自由排列的 20 ~ 25 个结果枝组，结果枝组不固定，随时可疏除较粗（通常超过所在处中心干的 1/4，或直径超过 2.5 厘米）的结果枝组，利用更新枝培养新的结果枝组。圆柱形树冠小，通风透光好，有利于花果管理等各项作业和果实品质的提高，具有早果丰产，树体结构简单，修剪技术容易掌握，便于机械作业等优点，适应梨树集约化、规模化生产，是非常有推广价值、拥有广阔发展前景的一种树形。

2. 整形技术

(1) 苗木应尽量采用矮化砧做基砧或中间砧，不仅能早结果，而且能改变树体营养分配，抑制枝干增粗和减弱离心生长势等。如使用乔砧，则品种应选择生长势较弱、容易成花的品种，如黄金、丰水和雪青等。为获得早期丰产，应选用枝干粗大、芽饱满的优质大苗，推荐采用大砧嫁接建园，坐地培养优质苗木。

(2) 定植当年的修剪 定植时，可在预定树高的一半处定干，如树高 3 米，则定干高度为 1.5 米，不要急于将中心干长放到预定的高度，以防树体终身上强，影响树冠下部果实的产量和品质。为促使中心干上多发枝，可采用萌芽前刻芽或涂抹发枝素的方法。刻芽时距离地面 60 厘米以内不刻，枝条上端 40 厘米不刻，其余芽全刻。萌芽后，为开张新梢角度，维持中心干的绝对优势，可对中心干二芽枝（竞争枝）和强壮直立的三芽枝进行重摘心，促使其重新萌发中弱枝。或在冬剪时对竞争枝及直立枝实行重短截，以平衡树势。中心干上其他角度直立的新梢，可以在其长到 15 ～ 30 厘米时用牙签开角，使之与中心干成 60° ～ 70° 夹角。

(3) 定植第 2 年及以后的修剪 每年冬季修剪对中心干延长头留 40 ～ 60 厘米短截，直至长到预定高度时，对延长头重截，采用单枝更新或双枝更新的方法固定干高。中心干上结果枝组单轴延伸，主要由中庸枝甩放形成，在缺枝的条件下强枝和弱枝也可利用，但强枝需重截或中截（剪口留对生平芽），弱枝需轻截（剪口留上芽）。由于圆柱形的树冠小，生长两三年后，枝组即无发展空间，此时也采取留延长枝基部明芽进行重截，实行单枝更新或双枝更新，固定枝组位置。在枝量、花量充足的情况下，可随时去大枝、留小枝，防止枝组过大、过粗，勿使枝组基部粗度超过中心干的 1/3 。疏枝时注意留橛，以利重新发枝。另外，树冠下部的结果枝组由于后期光照较差，更新不易，可在原有枝组的基础上留 1/2 ～ 1/3 长度的枝轴进行回缩，有利于枝组的更新复壮。

(4) 以果压冠是密植栽培控冠的最主要方法，可通过拉枝、刻芽、肥水调控（膜下滴灌，控制肥水供应）等方法促进花芽的形成，提早结果。还可以通过根系修剪、主干环割、施用生长调节剂等方法抑制营养生长，调节树体营养分配，达到控制树冠的目的。

（六）棚架形

棚架栽培是近几年在引进日本、韩国砂梨品种的基础上同时引进的新的栽培技术。由于具有果品质量高、管理容易、投产早、抗风等优点，在山东、河北、江苏、浙江、北京等地多有采用。

1．棚架的结构

(1) 水平棚架

①水平棚架的结构 由地锚钩 (直径 12 毫米 ×1300 毫米钢筋，上部制作扣眼 4 厘米，下部焊接 40 厘米十字架)、斜立杆 (钢筋混凝土制作，300 厘米 × 12 厘米 ×10 厘米)、直立杆 (190 厘米 × 8 厘米 ×8 厘米)、周边围线 (6 股 10# 钢绞线)、主线 (5 股 12# 钢绞线)、

水平棚架

中间副线(10# 钢丝)、接头卡口(围线用大卡口，主线用中卡口)、砣盘(斜杆砣盘40厘米×40厘米×10厘米，立柱砣盘30厘米×30厘米×8厘米)组成。

②水平棚架的安装　先在梨园的周边挖地锚坑，大小为70厘米×60厘米×120厘米，将地锚钩用150千克的混凝土在地锚坑内固定并培土，在梨园的周边每隔5米安装一个。棚架顶部距地面的高度为190～200厘米。安装时在周边每隔5米立一条斜向立杆，角度为45°。具体做法是：先将四个角(每个角各埋两个地锚，立两条斜杆)和地边的地锚埋好，地锚钩的扣眼高出地面15厘米，斜杆拉线与地锚钩挂好，固定角度为45°，然后将周边围绳和网面主线拉紧，最后棚面上每隔80厘米拉一条副线。棚面拉好后，主线每隔一道用立杆顶起。

(2)拱棚架　拱棚架是采用(0.6～0.75)米×(5～6)米株行距，"Y"字形整枝。在行间设拱圆形钢管或水泥杆，每隔5～7米埋一根，埋土深度为70～80厘米。在地上的70厘米处开始弯曲，高度一般为2.5～2.8米。分别在地上的80厘米、150厘米、200厘米处设置三道钢丝或钢绞线，将梨树的主干固定在钢丝线上，其架式类似于我国的春暖式大棚结构。

拱棚架

2.棚架栽培的整形修剪

(1)水平棚架的整形修剪　若采用水平棚架栽培，需采取以下整形方法。在定植的第一年将苗木在80厘米处定干，定干后萌发3～4个新梢，当年冬季修剪只对中干延长枝短截，其他枝甩放不剪。第二年甩放枝条结果(日、韩砂梨易成花，一年生枝即可形成腋花芽结果)，中干延长枝又可萌发3～4个新梢，冬季再对中干延长枝短截，其他

枝甩放不剪。第三年春季树体高达 150 厘米左右时，开始架设棚架并对中干延长枝所发的 3 ～ 4 个主枝倾斜绑缚在架面上。冬季修剪时，将前两年甩放结果的第一层水平枝进行疏除，使结果的重点转移到第二层枝的水平架面上。第四年后，冬剪继续对骨干枝延长枝进行轻截，注意培养侧生结果枝组，疏除背上直立强枝，回缩交叉枝组，剪截中长果枝调节枝组长势。架面上主枝间的水平距离要保持在 1.5 ～ 2.0 米。主枝间距大的，可选留 1 ～ 2 个侧枝；主枝间距小的可直接着生大、中、小枝组。枝组与骨干枝的水平夹角为 90°。剪截骨干枝延长枝时，要看好 2、3 芽的方向，以有目的的选留大型枝组。为促进骨干枝延伸生长，各延长枝头不要水平绑缚在架面上，应使其向上保持 50° 角延伸。延长枝水平伸展的，应用木棍支引向上呈 50° 角，以确保延长枝的生长势。为迅速扩展架面和增加枝量，可在萌芽前对延长枝及枝组实行刻伤，促发大量新梢。当各骨干枝两侧的新梢长到 60 厘米时，自新梢基部拿枝开角 90°，然后水平引缚在架面上，形成大型结果枝组。

水平棚架整形

(2) 拱棚架的整形修剪　采用拱棚架栽培的整形修剪，主要采用“Y”形整枝。定植当年将苗木在 40 ～ 60 厘米处定干，选两个东西方向的主枝，其余的枝控制利用为辅养枝，冬季修剪时只将两个主枝延长枝轻短截（一般剪留长度为 70 ～ 80 厘米）。第二年春季架设棚架，将两个主枝分别引绑在两边的架面上，并开始结果，冬季修剪时对两个主枝延长枝进行轻短截，其他枝条轻剪缓放，注意控制竞争枝，培养侧生枝组。以后每年使主枝向架面延伸。在 4 年前要充分利用低部位群枝结果，五年后则枝展布满架面，逐步疏除低位群枝，改善行内通风透光条件。

五、修剪技术

1.梨树的基本结构

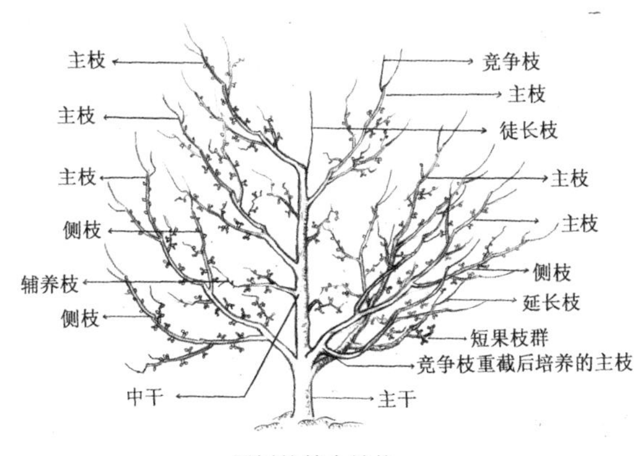

梨树的基本结构

2.梨树整形修剪的常用方法

(1) 短截　将一年生枝剪去一部分、保留一部分的修剪方法称为短截。根据短截程度又分为轻短截、中短截、重短截、极重短截四种方法。

①轻短截　仅仅剪去一年生枝条的很少一部分，约 1/4 左右。轻短截可促进芽的萌发，形成较多的中短枝。

②中短截　剪去枝条长度的 1/3 ～ 1/2，其剪口芽一般为饱满芽。中短截可提高萌芽率和成枝力，促进生长势。一般幼树扩冠时在主枝延长枝上应用中短截加速树体成形，培养中大型枝组时也宜采用中短截法。

③重短截　一般剪去枝条长度的 3/4 左右，剪口部位通常在枝条下部或基部次饱满芽处。

④极重短截　一般在西洋梨枝条基部留瘪芽剪截，以促使基部芽萌发。极重短截可削弱枝条的生长势，有利于枝组的培养。

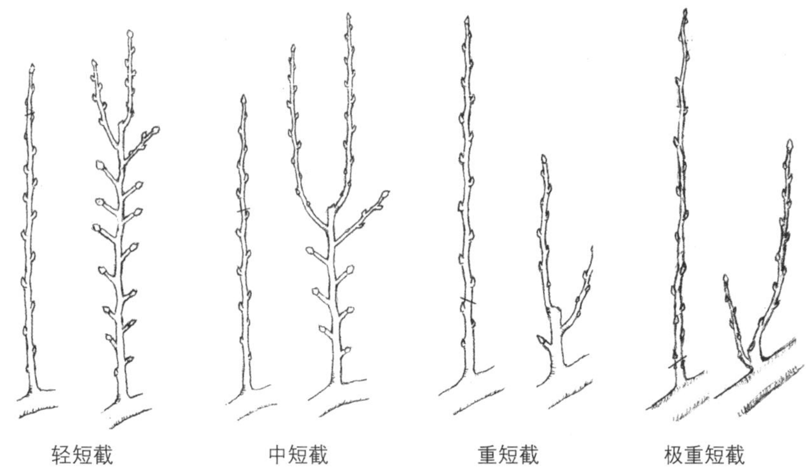

轻短截　　中短截　　重短截　　极重短截

(2) 疏剪　将一年生或多年生枝条从基部全部剪除叫疏剪。对于病虫枝、枯死枝、过密大枝、没有利用价值的徒长枝、过密的交叉枝、衰老枝、重叠枝以及影响光照的发育枝等可进行疏剪处理。疏剪可促进或削弱局部枝的生长，减小枝条的密度，改善树体通风透光条件，恶化病虫生长环境，有利于优质梨的生产。疏枝对树体生长有减缓和削弱作用，疏剪口越大，作用越明显。

修剪前　　修剪后

疏除背上旺枝及直立徒长枝（朱立武提供）

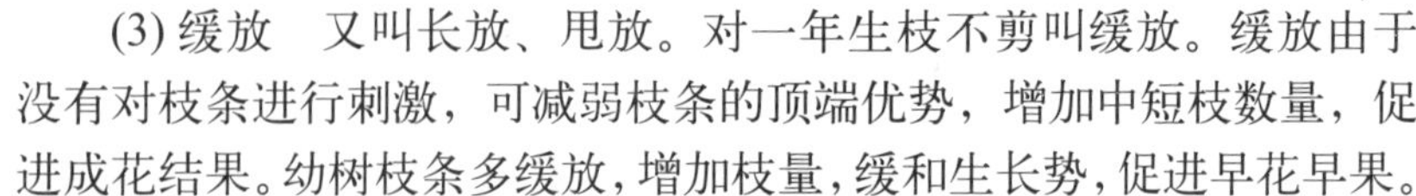

(3) 缓放　又叫长放、甩放。对一年生枝不剪叫缓放。缓放由于没有对枝条进行刺激，可减弱枝条的顶端优势，增加中短枝数量，促进成花结果。幼树枝条多缓放，增加枝量，缓和生长势，促进早花早果。

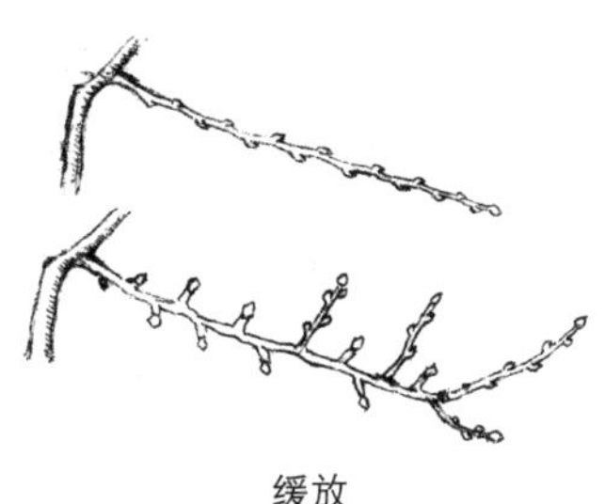

缓放

(4) 回缩　又称缩剪，去除多年生枝条的前部。单轴枝组延伸过长、结果枝组下垂过长、结果枝组过大或衰老、辅养枝影响主枝生长、树间枝头交接等均可采用回缩的方法予以解决。回缩一般在结果树和衰老树上应用较多。

修剪前

修剪后

回缩

(5) 目伤　指在枝条芽的上方用锯条横割，深达木质部，也称刻芽。目伤一般在春季萌芽前进行，目的是暂时阻止水分和养分的运输，促进伤口下芽的萌发。目伤一般应用在缺枝部位，通过此法促进枝条抽生，填补空间，使树体丰满。对直立的强旺枝通过对多个芽的目伤，可促生中短枝，并将其培养成结果枝组。

目伤

(6) 抹芽　将不恰当部位芽发出的背上枝、过密枝、竞争枝、剪口枝等在萌芽后或嫩梢期抹除叫抹芽，或称为除萌。抹芽可选优去劣，节省养分，改善光照，并避免冬剪造成较大伤口。尤其是选用“Y”字形和开心形树形的幼树，由于主枝开角较大，主枝背上易发枝，且生长快，容易造成树冠隐蔽，应及时抹除。

抹芽前

抹芽后

抹芽

(7) 捋枝　又叫拿枝，在生长季节用手握住枝条从基部向梢尖逐渐移动并轻微折伤木质部，促使枝条角度开张。拿枝的主要对象是较直立的旺枝、竞争枝、辅养枝等。拿枝可以开张枝条角度，提高枝条萌芽率，促进花芽和中短枝形成，培养结果枝组。拿枝时注意手部力量的轻重，避免折断枝条或重伤枝条皮层。

捋枝

(8) 牙签开角　用牙签将新梢角度支大。方法：当新梢长到 20 ~ 30 厘米的时候，用一根两头尖的竹牙签，一头扎在母枝上，一头扎到此新梢上，深入木质部内，将新梢角度支大。这样及时加大了角度小的新梢，特别是剪口下第 2、第 3 个新梢基部的角度，

牙签开角

拉枝

减缓其长势，成为主枝或侧枝。这种改造利用第 2、第 3 芽枝，减少修剪量，使幼树尽快成形的方法简单实用，省材省工。

(9) 拉枝、撑枝和坠枝　在春季或秋季枝条柔软时，对较直立的枝条用绳拉或树枝及木棍撑开，也可用砖块等坠枝，以开张角度，调整生长方向。

拉枝等方法可削弱顶端优势，缓和生长势，促进侧芽发育，有利于提早成花、结果和快速整形。

（10）摘心　在生长期，摘除新梢最顶端的幼嫩部分称为摘心。摘心可抑制枝条生长势，促进新梢萌发二次枝，增加枝条数量，促进枝组形成。摘心时期以新梢长到 25 厘米左右时为宜。

摘心前

摘心后

主干环剥

(11) 环剥与环割　环剥与环割的对象为强树、强枝、壮枝和直立枝，通常不用在弱树、弱枝上。操作时要确保环形切口对齐，不过宽不过深，以免影响伤口愈合，引发病虫害。

环剥指用刀剥去枝干上一定宽度的树皮，宽度一般为枝干直径的 1/10 ～ 1/8，环剥部位一般在枝干基

主干环割

部。剥口太宽不易愈合，甚至会造成死树、死枝。太窄则愈合太快，达不到促花促果的效果。环剥时要注意切口深度，最好只切断皮层，不要伤及木质部。环剥用刀要锋利，切口要整齐，没有毛茬。主干环剥要十分慎重，环剥不当会造成树势过度衰弱或死树。

环割指在枝干光滑部位将树皮割断一圈或几圈的措施。环割不如环剥的效果好，但比较保险，一般不易造成死枝或死树。对容易成花的品种，双道环割就可有效促成花芽，割口相距 0.5 ～ 1 厘米。

3. 修剪技术

下面以主干疏层形为例，进行整形修剪图解。

(1) 幼树整形修剪

①定干

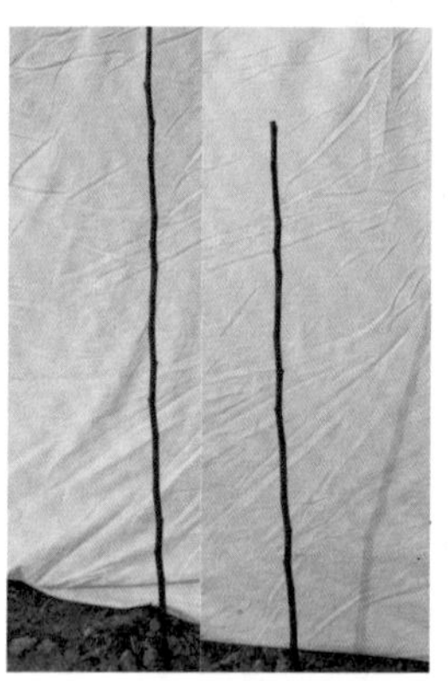
壮苗（剪去 50 厘米）

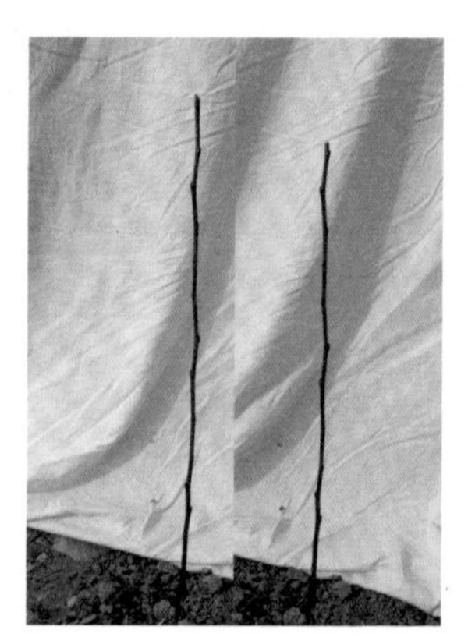
弱苗（剪去 10 厘米）

定干

定植当年，在距地面 90 厘米左右处定干，对于不足 1 米高的弱苗，也要进行短截，以促发枝，剪口下一般要求有 10 个左右的饱满芽。

由于梨树发枝较少，定植当年一般不抹芽。

定干能定矮和高，剪去梢部促使茂，
不高不矮也少截，不截肯定长不好。

②第一年冬剪　选直立的、顶端生长较旺的枝条作中干，在约

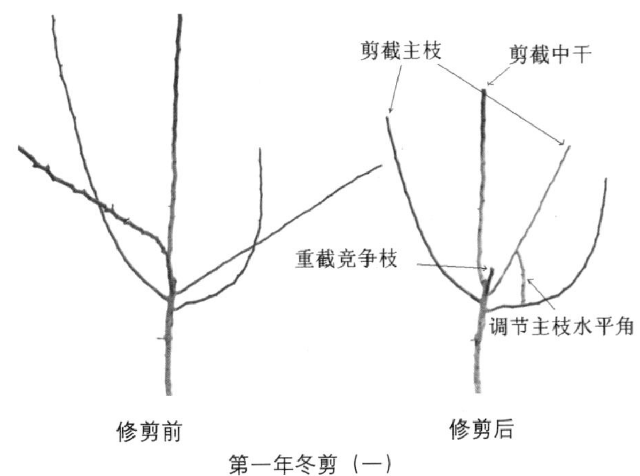

第一年冬剪（一）

60 厘米处短截，在整形带内选留 3 个方位好的枝条作为主枝，主枝长于 60 厘米以上的在 50 厘米处短截，剪口下的第 2 芽选背斜侧饱满芽，是选留侧枝的“枝芽”。对直立枝和竞争枝重短截，其他的枝条尽量缓放。

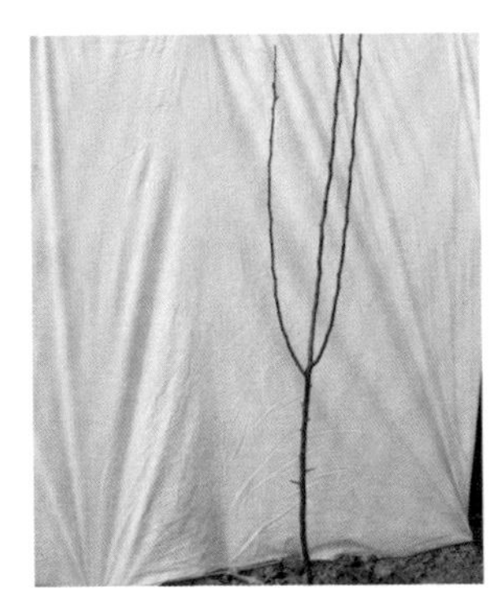

修剪前

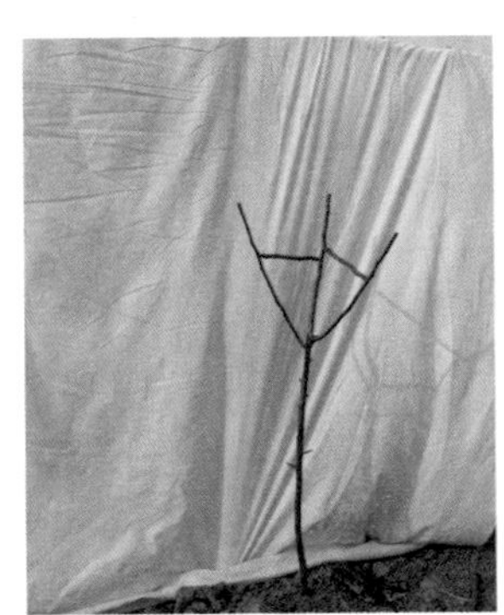

修剪后

第一年冬剪（二）

当年如果选不出3个主枝，则中干延长枝剪截就不要长于40厘米，同时剪口下第2、第3芽选留在需要出主枝的方向，在两年内完成3主枝选留。主枝剪留长度要略短于中干延长枝的长度。

③第二年冬剪　第二年冬剪留的二层枝，因不符合树形二层枝的

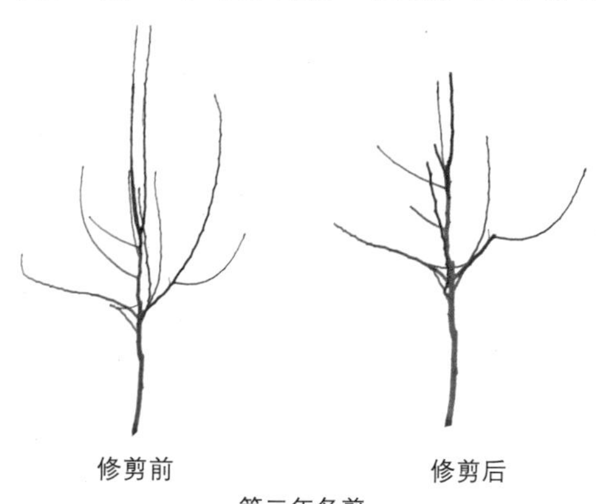

修剪前　修剪后

第二年冬剪

距离，先按主枝平衡，以后按辅养枝处理，随着树长缩剪掉。

对中干延长枝在50～60厘米饱满芽处短截，疏除竞争枝或将其压弯培养为辅养枝。第一层主枝延长枝仍留50～60厘米短剪，注意剪口下的第2芽在第一侧枝对侧选背斜侧饱满芽，不必过于考虑主枝延长枝的芽向。其余的枝条尽量不剪，留作辅养枝或培养为结果枝组。

④第三年冬剪

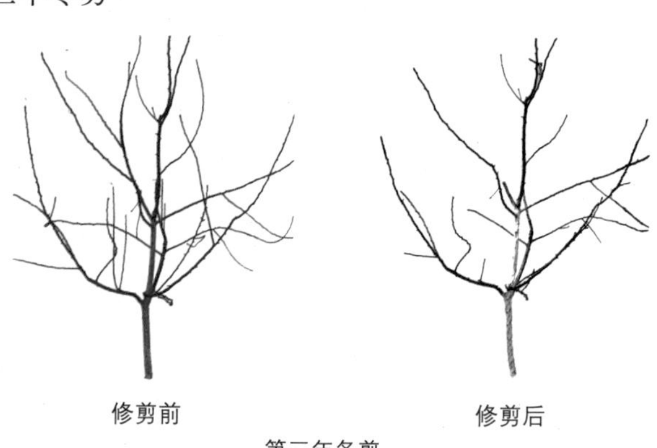

修剪前　修剪后

第三年冬剪

第三年以后冬剪时，对中干延长枝继续在 50 ～ 60 厘米处短截，直到完成整形要求。短截时要注意剪口下第 2、第 3 芽的方向，以保证第 4 ～ 6 主枝的方位互相错开排列，并注意各主枝上的侧枝安排，注意侧枝“枝芽”的留向。

层次分明透风光，光照不光从上降，旁射光照力量大，外围见稀才恰当。

⑤第四年冬剪

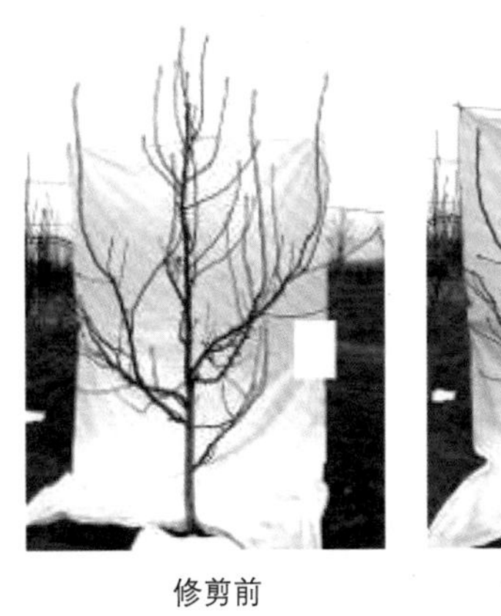

修剪前

修剪后

第四年冬剪

在继续培养骨干枝的基础上，只要不影响主从关系，应尽量轻剪多留枝。

幼树小枝处理好，缓和多用中截少，
如果新梢截得多，促使旺长结果晚。

（2）成年树修剪　成年树骨架已搭好，整形完成。主要任务是调节树势，延长结果年限。重点对枝组进行精细修剪，使枝组不断更新保持一定长势。

修剪前

修剪后

成年树修剪

大枝拉开骨干架，结果好坏在群枝，
处理小枝不适当，肯定结果要延迟。
强枝重截小枝轻，延长中截群枝缓，
疏掉直立与下垂，保持侧面得丰产。

(3) 老树的更新修剪

修剪前

修剪后

老树的更新修剪

回缩衰弱的骨干枝，利用内膛徒长枝更新复壮，培养选留骨干预备枝和大型枝组，注意枝组的回缩并增加新枝剪截，增强枝组长势。

疏除衰老果枝，集中营养，促进枝条长势。

(4) 不正常树的平衡树势修剪

①上强树整形修剪　梨树枝条角度小，树体容易上强，整形中注意控制上强，特别是中干延长枝不要剪留过长。

削弱侧枝主枝旺，打击主枝侧枝强，
中干延长留得高，肯定将来要上强。

修剪前　　修剪后
上强树整形修剪（一）

上年中干延长枝剪留过长，促使树体上强，疏去延长枝，选留次强二芽枝，削减顶端优势，并加大选留主枝角度。

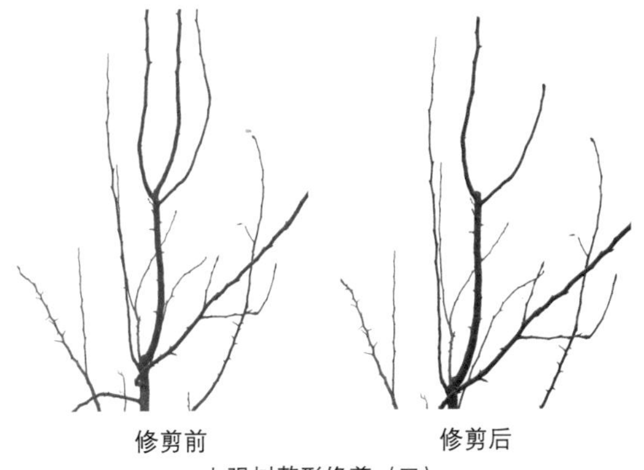
修剪前　　修剪后
上强树整形修剪（二）

②下强上弱树整形修剪　对中干弱的树，整形中要及时平衡树势，并对中干进行扶持。

形状半圆定弱顶，见弱就助不可等，
限制主枝再不茂，扶助后备往上升。

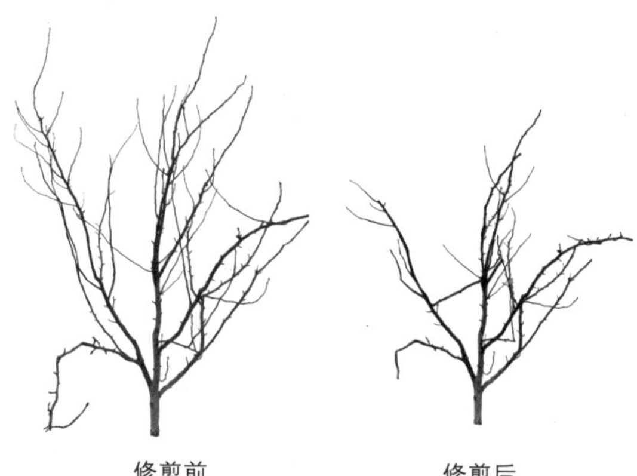

下强上弱树整形修剪

(5) 骨干枝处理

①开张骨干枝角度

角度太小不开张，枝数不多密得慌，
开张枝多还不密，树膛透光增产量。

骨干枝处理

②过密枝、重叠枝修剪　同侧的骨干枝要保持 1 米左右距离，不够距离的枝可以疏除或改造成枝组。

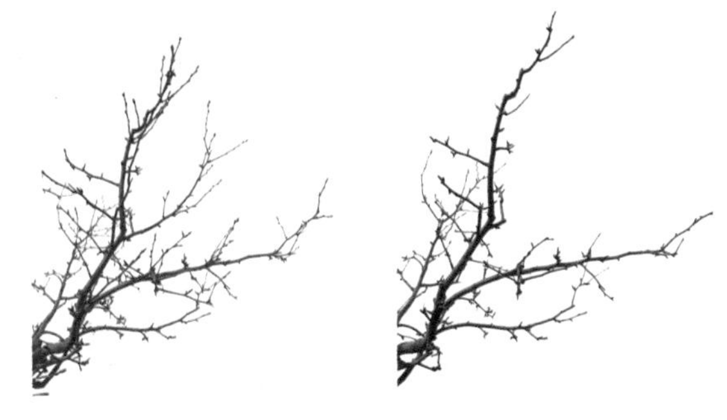

修剪前　　修剪后

过密枝处理

整形修剪中，注意疏除距离很近的重叠枝。

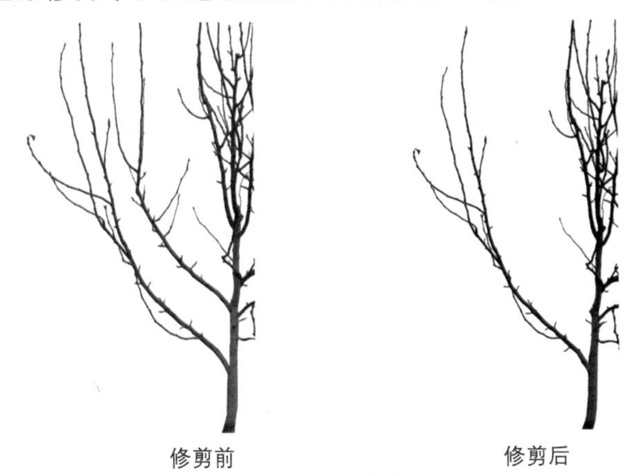

修剪前　　修剪后

重叠枝处理

(6) 枝头的修剪

①延长枝的修剪　成枝力高的品种，延长枝剪口选留外芽，即可获得好的第三芽枝当侧枝。

成枝力低的品种延长枝剪口选留外芽，二芽枝成为竞争枝。

延长枝的修剪（一）

成枝力低的品种，先选好发侧枝的二芽，上剪一芽作为延长枝剪口芽，这样二芽可发出合格的侧枝。

剪口顶芽是向导，但比枝芽还次要，
顶芽下退还有顶，枝芽下退变位置。

延长枝的修剪（二）

延长枝的修剪（三）

②多头枝处理

枝有多头走不远，选出一个当带头，
独枝前进也不好，旁有一枝才自然。

修剪前

修剪后

多头枝处理

③侧枝的修剪

侧枝剪留短于主，齐头并进显密挤，
它的位置低于主，生长不能比主强。

三杈枝剪留侧枝的处理：重剪侧枝的对生枝，使其改造成枝组，以防过于密挤。

第一侧枝左面生，第二侧枝右面用，
就是拖开左右留，每枝都要照样行。

修剪前　　修剪后

三杈枝剪留侧枝的处理

(7) 枝组的修剪

①大型枝组的修剪　多年生下垂枝组在疏除弱枝的基础上，选强枝带头，提高枝头角度。

此枝原来把头低，剪留上枝增强力，
限制左右让它长，及时调整要注意。

修剪前

修剪后

大型枝组的修剪（一）

连截的直立枝组回缩到斜生枝带头。

修剪前　　修剪后

大型枝组的修剪（二）

连续的缓放枝组，实行回缩修剪。

修剪前　　修剪后

大型枝组的修剪（三）

先截后放，长势中庸的枝组在疏枝的基础上，进行齐花剪截。

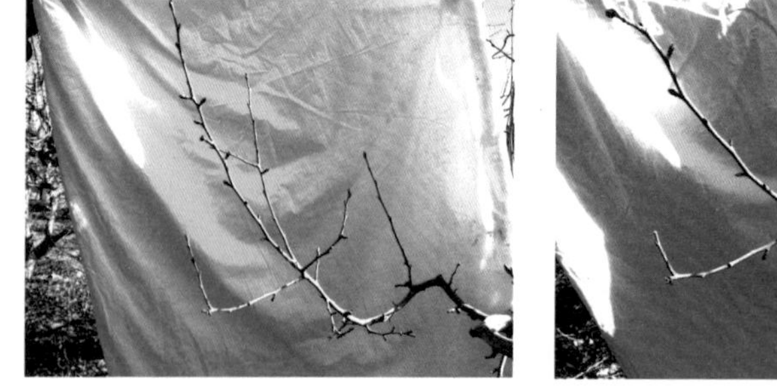

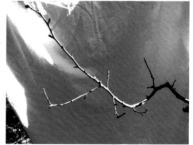

修剪前　　修剪后

大型枝组的修剪（四）

②中型枝组的修剪

中庸枝缓放，进行疏枝和短截。

修剪前　　修剪后

中型枝组的修剪（一）

中庸枝连年缓放的枝组，进行回缩修剪。

修剪前　　修剪后

中型枝组的修剪（二）

中庸回缩枝组，进行疏枝和短截。

修剪前　　修剪后

中型枝组的修剪（三）

③小型枝组的修剪

中短枝缓放枝组，剪截后部枝做预备枝。

修剪前　　修剪后

小型枝组的修剪（一）

结果后的中庸枝组，在疏枝的基础上齐花剪截。

修剪前

修剪后

小型枝组的修剪（二）

多年结果的弱势枝组，结合疏枝选壮芽齐花剪截。

修剪前

修剪后

小型枝组的修剪（三）

(8) 竞争枝的修剪 竞争枝角度小，长势旺，如果必须使用，就应该先重截，减弱势力，再根据发枝情况选用，否则后患无穷。

竞争枝子不可留，不守规矩性自由，
要用重截再生枝，不要留它最后愁。
选用竞争做主枝，平衡树势有困难，
角小长势似中干，角大冒条长得欢。
二层主枝留竞争，控制上强得二年，
适龄果树不结果，还怕中干有危险。

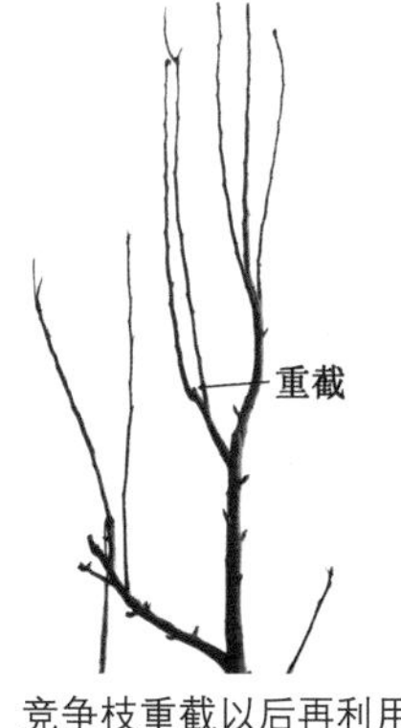

竞争枝重截以后再利用

选用竞争枝做主枝，影响树势平衡

第二层主枝选用竞争枝，引起树体上强

(9) 背上枝的修剪 背上枝利用不能剪留过高，更不能直甩直放，应先拉平，或重截发枝后再去强留弱，去直留平。

侧面中截补空间，背上需留短一点，
直立性质生长旺，长留最后添麻烦。

背上枝重截后改造成枝组

背上枝剪留高会长成小树，难以控制，修剪时降低枝轴高度，去强留弱，去直留斜，以缓和长势，促进结果。

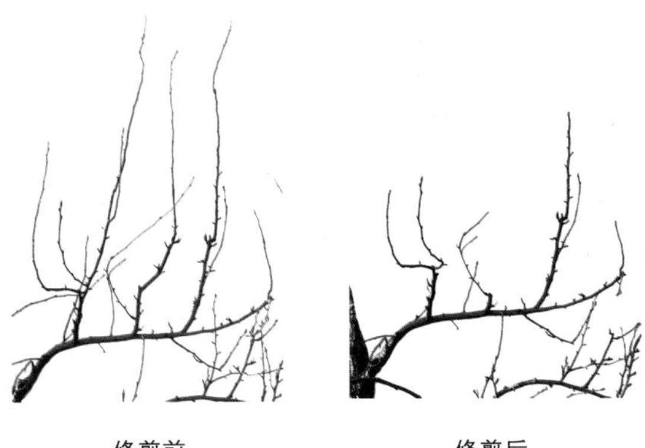

修剪前　　　　修剪后

背上枝的修剪

第七章

花果管理

一、疏花、疏果技术

盛花的梨树

梨树形成花芽容易，正常年景都能形成过量的花芽。因此，疏花疏果对梨树栽培十分重要。合理的疏花疏果，确定适宜负载量，可以调整梨树生长与结果的矛盾，有利于稳产稳势，达到优质增值的栽培效果。

（一）确定适宜负载量

首先要考虑树龄和树势。幼树期以长树为主，兼顾结果，负载量不宜过大。盛果期树可按一定的标准留果，并且留有一定的保险系数，以预防意外因素对结果的影响。树势强，负载量可适当大些，树势弱负载量则宜小。栽植条件好的梨园负载量宜大些，栽培条件差的梨园要适当降低负载量。霜冻、大风等恶劣天气频发地区的梨园，宜适当加大负载量，增加保险系数。另外还要考虑品种特性，坐果率高的品种，可适当少留一些花果。坐果率低的品种，适当多留花果。

适宜负载量可通过叶果比、枝果比、干截面积、间距留果法等来确定。生产中，大多采用按果实间距留果。品种间的果实大小不同，留果的距离也不相同。一般小型果间距 15 ～ 20 厘米，中型和大型果间距为 20 ～ 30 厘米。对树势较弱或根据市场需要生产大型果品及果个增长潜力大的品种，可适当加大留果距离。

（二）人工疏花

一般来说，疏花比疏果更能节省树体养分。把多余的花尽早疏除，树体可以集中营养供给留下花果的生长和树体生长发育。在花量多、自然灾害少的情况下，对坐果率较高的品种疏花比疏果更为有利，且直观、快捷、容易掌握。

疏花可以在冬剪看花修剪，春季花前复剪。但主要疏花还应在花开前，因为冬剪和花前复剪只起节约养分的作用，但疏去了花芽就等于疏掉了枝，起不到改变枝果比的作用。而疏花序则可保留果台副梢，提高了枝果比和叶果比，且能得到以花换花的效果，对提高果实品质和克服大小年结果有良好作用。

可在花期进行以花定果，即按一定间距疏除花蕾和花序。疏花可在花序伸出至花序分离期进行，此时花序嫩脆易摘除。依树势强弱、品种特性，按 20 ～ 25 厘米的间距留 1 个花序，其余花序全部摘除。保留下来的花序留 3 ～ 4 朵基部花。正常情况下，以花定果坐果率高、果个大、品质好，而且可以大量减少树体营养消耗。

疏花前　　疏花后

疏花

（三）疏果

梨树疏果的目的一是为了当年生产的果个大，提高商品果率。二是为了克服大小年，保证翌年有足够的花芽，可以达到连年丰产、稳产。留果数量直接影响果实产量和品质。为兼顾节约营养并为生产留

有余地，可早疏果、晚定果。

1.疏果的时间与方法

日、韩砂梨一般在谢花后 7 天开始，谢花后 15 天内疏果结束。绿皮梨如黄金、水晶等必须在花后 10 天套小袋，所以疏果不宜太迟。一般品种梨的疏果，最迟也应在谢花后 26 天结束。花后一个月左右是梨幼果细胞分裂的时期，早疏果可促进幼果细胞数目增多和体积增大，晚疏果则对促进果实的细胞分裂作用较小，果实细胞数量相对较少。过晚会影响果实质量，浪费营养和抑制花芽分化。

2.疏果的方法

一般采用人工疏果的方法，疏果时先用疏果剪将病虫为害、受精不良、形状不正、花萼宿存、纵径较短的果实疏除。梨果实的形状、生长潜力与着生在花序的序位有直接关系。低序位的果实纵径较短，果柄也粗短，幼果期果实明显大但以后增长潜力小；高序位的果实纵经长，幼果小且果柄细长，增长潜力更小；中序位的果实纵径较长，幼果中大但果柄粗长，增长潜力最大。一般疏果去掉第 1 ～ 2 序位的果，保留第 3 ～ 4 序位的果。日韩梨果台粗短，不易辨认幼果序位，以留果柄粗长、幼果较大、端正而直立的最好。总之，疏果时应尽量选留侧生枝组上结的果，选果形端正，果梗粗而长，无病虫害和未受有擦伤的果实。

疏果前

疏果后（保留第 3 ～ 4 序位果）

3.疏果工具

疏果使用的工具除常用的疏果剪外，还可以采用手板式高枝剪，

高枝剪的长度从 1.5 ～ 3 米，有多种规格，操作方便，适合疏除高处的花果，还可以用于新梢和一年生枝的修剪。

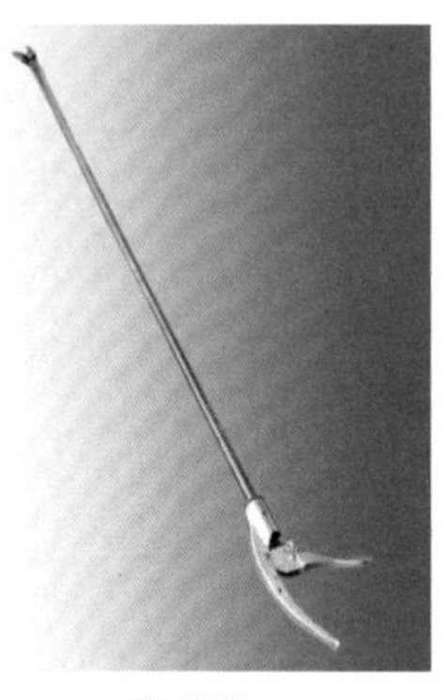

高枝剪

高枝剪局部（剪头）

二、提高坐果率的技术

梨的大多数品种自花不亲和，为提高结实率，进行人工辅助授粉。梨花授粉充足则种子数量多、发育良好、果实大而整齐。授粉不良容易造成减产和产生畸形果。人工授粉包括人工辅助授粉和借蜂传粉两种方法。

（一）授粉品种的选择

梨园配置授粉品种或人工辅助授粉时，要考虑主栽品种与授粉品种的 *S* 基因型，并非不同品种间异花授粉都能结实。*S* 基因型完全相同的品种不能相互授粉，其中 1 个 *S* 基因型不同也能相互授粉，最佳的选择应是 2 个 *S* 基因型均不相同。*S* 基因型完全相同的品种，如：丰水与翠冠，幸水与爱甘水，黄金梨与新世纪，二十世纪和菊水等均表现为相互授粉不结果。

目前，南京农业大学梨工程技术研究中心已鉴定出 150 多个梨品种的 *S* 基因型，为梨园授粉品种的合理配置提供了依据。

表 7-1　部分梨品种的 S 基因型

品种名	S 基因型	品种名	S 基因型
库尔勒香梨	$S_{22}S_{28}$	黄花	S_1S_2
砀山酥梨	S_7S_{34}	翠冠	S_3S_5
苹果梨	$S_{19}S_{34}$	美人酥	S_4S_{36}
雪花梨	S_4S_{16}	丰水	S_3S_5
京白梨	$S_{16}S_{30}$	新高	S_3S_9
南果梨	S_1S_{34}	黄金	S_3S_4
鸭梨	$S_{21}S_{34}$	华山	S_5S_7
茌梨	S_1S_{19}	若光	S_3S_4
宝珠梨	S_4S_{42}	伏茄	S_eS_i
黄冠	S_3S_{16}	阿巴特	S_aS_b
雪青	S_3S_{16}		

配置授粉品种应注意以下几个问题：

1. 主栽品种和授粉品种相互授粉能结实；
2. 授粉品种花粉多，花粉萌发率高；
3. 授粉品种和主栽品种花期一致或稍早为好；
4. 授粉品种结果习性好，果实商品性高，经济效益好；
5. 新高、爱宕、新梨 7 号等没有花粉或花粉极少的品种不能作为授粉品种。

（二）人工授粉技术

1. 花粉采集

采花粉应选与主栽品种亲和力强的品种。在初花期，采集花苞气球状和刚开的花朵，这些花朵出药率高且花粉多。人工脱药可采用铁丝筛子用手搓揉花朵，待花瓣变色其花药基本脱落，再筛簸去杂后晾干。这种方法简便易行，一人脱药可处理 10 人采花量。机器脱花药出粉率有所降低，但脱药速度快，适于大量采粉。花药取出后，置于 20 ~ 25℃通风的室内，薄摊于纸上，

机器采粉（张绍铃提供）

出粉率以及花粉发芽力均较高。一般每10千克鲜花可出1千克鲜花药，5千克鲜花药可出1千克干花粉，如果人工点花授粉，每亩需干花粉20～25克。

2.人工辅助授粉

(1) 授粉时期　在梨初花期至盛花期选晴天或无大风降雨天进行，选花序基部的第3～4朵边花，以开花当天或次日授粉最好。一般情况下，授粉应进行2次。花期如遇连续阴雨，应在雨停数小时的间歇点授，且应增加花朵授粉数量。

授粉的适宜时期

(2) 花粉填充剂　为降低授粉成本，人工授粉前一般要在花粉中加入一定量的填充剂。常用的梨花粉填充剂有滑石粉、淀粉和失效梨花粉，以失效梨花粉效果较好。

(3) 授粉方法

①人工点授　纯花粉与填充剂按1∶2混合后装入瓶中。授粉前准备好授粉器，授粉器可以自制：如软绒毛球、橡皮头、香烟过滤嘴、单层纱布小袋等。这种方法授粉速度较慢，但纯花粉用量少，易控制，授粉效果好，坐果率高。

人工点授花粉

②鸡毛掸子滚动授粉　将鸡毛掸子用酒精洗去鸡毛上的油脂，干后将掸子绑在木棍上，当花朵大量开放时，先在授粉树花丛中反复滚沾花粉，然后到主栽品种树的花丛中，上下内外滚动授粉，这样往复进行互为授粉。此法适于密植且栽植授粉树的梨园。如果梨园配置授粉树

鸡毛掸子滚动授粉

少，也可异园采粉，加好填充物用塑料布包裹，至田间摊开塑料布，用鸡毛掸子滚沾花粉，再到主栽品种树上滚动授粉。实践证明，鸡毛掸子授粉方法工效高，且基本满足生产要求。

③机械喷粉　为提高工效，大面积梨园可使用小型喷粉机或小型喷雾器喷授。机械喷粉可用1份纯花粉可混加20～50份的填充剂（如干淀粉），用专用喷粉机进行喷粉。机械喷粉工效高，授粉效果好，但花粉用量大，成本高，而且容易出现坐果过多的问题。

授粉枪授粉（曹雨提供）

液体授粉速度快，但花粉在液体中浸泡易失活，坐果率不如人工点授的高，可在不良天气来临前突击授粉时采用。其配方是0.2%纯花粉、5%白糖、0.1%硼砂。配置方法：每克纯花粉兑500克水，再在水中添加0.5克硼砂、25克蔗糖配成溶液，配好的溶液用喷雾器对花喷授。花粉溶液现用现配，需在2小时内用完。

蜜蜂授粉

(4) 借蜂传粉　在授粉树数量占20%以上、配置均匀的果园，花期放蜂，可显著提高坐果率。注意花期应不打药，以吸引更多的昆虫。蜜蜂是访花的主要昆虫，一只蜜蜂可携带5000～10000个花粉粒，一箱蜜蜂有8000～10000只蜜蜂，可以满足3～5亩梨树授粉的需要，每个蜂箱的距离一般为100～150米。放蜂前2～3天，要用掺有梨花粉的糖水喂养几天，以利于蜜蜂习惯梨花粉的味道。也可以利用角额壁蜂进行授粉，但要注意的是，在靠近其他果树如桃、

壁蜂授粉

杏、苹果等的梨树园片释放角额壁蜂，壁蜂的回收率往往极低。同样，由于梨花味臭而蜜少，蜜蜂不愿采，而更喜欢桃、苹果等树种。

三、预防花期晚霜危害

梨花期霜冻

（一）晚霜防控措施

1. 营建果园防护林

防护林既能有效防风，也能在早春提高地温、防止霜冻。

2. 选择适当的小气候环境建园

园址的正确选定，是种植梨树最有效的防冻措施。实践证明，花期霜冻与地块、地势诸环境因子密切相关，果园的小气候直接影响花期冻害的轻重。梨园应选择背风向阳的南向或东南向坡，以减少或避免寒冷空气的直接侵袭。

3. 延迟萌芽开花，躲避霜冻

(1) 果园灌水　果树萌芽到开花前灌水 2 ~ 3 次，可延迟开花 2 ~ 3 天。

(2) 树体涂白　早春树干、主枝涂白或全树喷白，以反射阳光，减缓树体温度上升，可推迟花芽萌动和开花。

(3) 树体喷药　在萌芽前树体喷洒萘乙酸钾盐（0.025% ~ 0.5%）溶液。

4. 果园喷水及营养液

霜冻来临前，对果园进行连续喷水（可加入 0.1% ~ 0.3% 的硼砂），最好增设高杆微喷设施；或喷布芸苔素 481、天达 2116，或花期喷布 0.3% 硼砂 + 0.3% 磷酸二氢钾 + 0.2% 钼肥 + 0.5% ~ 0.6% 蔗糖水，提高果树抗寒抗病能力和坐果率。

5. 果园熏烟加温

在霜冻来临前，利用锯末、麦糠、碎秸秆或果园杂草落叶等交互

堆积作燃料，堆放后上压薄土层或使用发烟剂（2份硝铵，7份锯末，1份柴油充分混合，用纸筒包装，外加防潮膜）点燃发烟至烟雾弥漫整个果园。烟堆置于果园上风口处，一般每亩果园4～6堆（烟堆的大小和多少随霜冻强度和持续时间而定）。熏烟时间大体从夜间10时至次日凌晨3时开始，以暗火浓烟为宜，使烟雾弥漫整个果园，至早晨天亮时才可以停止熏烟。

6.其他措施

有条件的果园，可以在果园上空使用大功率鼓风机搅动空气，吹散冷空气的凝集。

茶园使用的防霜扇

（二）晚霜冻害发生后的补救措施

1．花期受冻后，在花托未受害的情况下，喷布天达2116或芸苔素481等。

2．实行人工辅助授粉，提高坐果率。

3．加强土肥水综合管理，养根壮树，促进果实发育，增加单果重，挽回产量。

4．加强病虫害综合防控，尽量减少因霜冻引发的病虫危害，减少经济损失。

四、果实套袋

1.套袋的作用

梨果套袋能明显改善果品外观品质，与不套袋果相比，果面洁净美观，果皮细嫩，果点小，还可防治果实病虫害，减轻雹灾和农药污染。

2.套袋技术

(1) 套小袋　黄金、翠冠、金二十世纪等容易出现果锈的品种，可以在幼果期套小袋。

①喷药　一般情况下北京地区在4月下旬，用10%的吡虫啉2000倍+70%甲基托布津或50%大生M-45可湿性粉剂800倍，并根据情况补充钙肥、硼肥。套小袋前最好采用粉剂或水剂农药，以减小对幼果果面的刺激，避免黑点及药锈的产生。

②袋的选择　目前市场上销售的只有一种，是用小钢丝扎口的，规格大多是73毫米 ×106毫米。选择时要重点看一下边口的黏合是否牢固，小钢丝的强度是否适宜。小钢丝的强度太强，则易损伤果柄。强度太弱，则绑扎不牢，会进水、进药液，造成果面产生水锈、药锈。

③时间　花后10天开始，花后15天结束。套袋过早易造成后期康氏粉蚧的侵入，套袋过晚会造成果点大而突出，容易受到黑斑病的感染和卷叶蛾的侵害。

④套袋方法　套小袋前，最好进行湿口处理，目的是为了套袋时避免造成果面划伤。套袋时，先将果实上的花萼等残留物除去，因为这些东西残留在果实上，容易造成萼洼处污染。然后再用右手的食指和中指将小袋撑开，将幼果置于小袋内的中央，并将袋口扎紧。扎口时要避免扎口的钢丝朝向果实，以免果实膨大后果面被刺伤。

梨果套小袋

(2) 套大袋

①袋的选择　优质果袋除具备经风吹雨淋后不易变形、不破损、不脱蜡，雨后易干燥的基本要求外，还应具有较好的抗晒、抗菌、抗虫、抗风以及良好的疏水、透气等性能（表7-2）。

表 7-2　袋的选择

梨种类	梨品种	果袋的种类	套袋后果皮颜色
褐皮梨	丰水、园黄、新高、晚秀等	外黄内黑双层袋	褐黄色
绿皮梨	砀山酥梨、鸭梨、黄冠、黄金梨、中梨 1 号、翠冠、金二十世纪等	外黄内黑双层袋	白色
		外黄内白或外黄内黄双层袋	淡绿色
红色东方梨	满天红、美人酥、红酥脆、南果梨等	外黄内黑或外黄内红的双层袋	（采前 15 天摘袋）红色
红色西洋梨	早红考蜜斯、红考蜜斯等	单层白纸袋	鲜红

单果重在 350 克以内的品种一般可采用 165 毫米 ×198 毫米规格大小的果袋，满丰、大果水晶等大果型品种和五九香、阿巴特等长果型的品种应采用 175 毫米 ×205 毫米以上型号的果袋。

各种类型的果袋

②套袋时间　一般在套小袋结束后 30 天进行，北京地区在 6 月初开始，中下旬结束。套塑料膜袋时间可以早些。

③喷药　北京地区一般开始于 5 月下旬，主要防治梨木虱、蚜虫、叶螨和轮纹病、黑星病等，并补充钙肥、硼肥。

④套袋方法　套大袋前，与套小袋一样也应进行湿口处理。套袋时，先将纸袋撑开，使果实处在纸袋中央，再将袋口折叠捏起，用袋上的铁丝卡封好袋口，使之松紧适度。

使袋体膨起

套住幼果

折叠袋口

扎紧袋口

套大袋

套袋梨园

⑤套大袋后喷药　套大袋一般在6月中下旬结束，这以后病虫防治的重点为食心虫、黄粉虫、康氏粉蚧、山楂叶螨等，兼防轮纹病、腐烂病。此期喷药到采收前15～20天结束。

(3) 套塑膜袋

①袋的选择　用厚度0.005毫米聚乙烯薄膜制作，套在果上的袋抗老化时间150天以上。袋长19～21厘米，宽16～17厘米。袋面上有若干透气孔，袋底部两角和中间留有3个2～3厘米的排水透气口。白色半透明。开口容易，不粘手，不贴果（无静电反应）。开口方式有全开口、半开口、半开口自带绑条、半开口自带扎丝等多种形式。适合红香酥、玉露香和西洋梨中果面部分着色的品种。

②时间　可在花后30天进行，北京地区一般在5月中下旬开始，6月上中旬结束。

西洋梨套塑膜袋

③套袋方法　先将50～100个塑膜袋用双手对搓几下，将袋搓开，捆在腰间。把绑扎物（可用撕成条、用水浸湿的玉米棒苞皮或24号铁丝、细漆包线）用胶皮筋绑在左手的手腕上部。双手把袋撑开，先向袋内吹气，使之膨胀后用手挤压袋体，鼓开袋的排水口，随后将果袋套住幼果，将果袋口聚拢在果柄周围，确保果在袋中间，用绑扎物或用袋上带有的塑膜条、扎丝把袋绑扎于果柄基部，以不太紧，虫、水又进不了袋内为好。

第八章 果实采收和商品化处理

果实成熟期的梨园

一、果实采收

机械平台采收

果实采收，是梨园管理的最后一个环节，直接决定梨园效益的高低。如若采收不当，不仅降低果品质量，而且降低果实耐贮存性，还可能影响第二年的产量，因此必须高度重视。

在采收前的 20 ～ 30 天左右，先做好产量的估算工作。根据产量的高低，来准备采收用的工具和材料。在短期贮存梨果的地方，要搭建凉棚，以免光照太强，造成发热烂果。

（一）采收期的确定

梨果实成熟程度可分为可采成熟度和食用成熟度。达到可采成熟度的果实大小已经定型，但品种应有的风味、香气还未充分表现出来，肉质较硬，适合加工和贮存；达到食用成熟度的果实可表现出此品种应有的品质、香味，风味最佳，并达到该品种的营养指标。此期采收的梨果可以在当地鲜果销售，并可以用来制作果汁、果酱、果酒。

生产中应根据市场需要和产品用途来决定在哪个成熟度进行采收。具体采收期的确定可参考以下几方面因素。

(1)果皮的色泽　未套袋果可以果皮色泽作为判断成熟度的指标，绿皮品种以果皮底色减退，褐皮品种由褐黄为依据。套袋的果实因果袋种类不同果皮颜色存在差异，应结合其他方法进行。

(2) 果实的含糖量和果肉硬度 果实的含糖量一般根据梨果中的可溶性固形物含量来确定，可溶性固形物用手持测糖仪测定。果肉硬度用硬度计测定。可溶性固形物一般早熟品种要求达到 10%，中熟品种要求达到 12% 以上，晚熟品种要求达到 13%。采收具体标准可参照国家标准《鲜梨》(GB/T l0650—2008)。

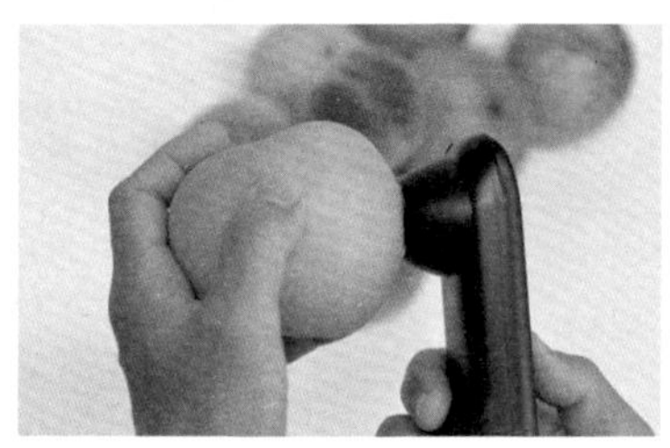
日本使用的非破坏糖度计

(3)果实的含糖量　一般根据梨果中的可溶性固性物含量来确定，总之能充分显示本品种的风味特性。

(4) 果实的生长天数　在同一环境条件下，不同的品种从盛花到果实成熟，都有不同的生长发育的天数。如在北京地区，黄冠梨的果实生长发育天数为 135 天左右，巴梨 140 天，京白梨 145 天，黄金梨 155 天等。

(5) 果实的种子色泽　已经成熟的梨果，其内部种子的颜色由褐尖到花籽变成褐色，若种子的色泽较淡，则该品种还未达到应有的成熟度。

(6) 果柄脱落难易程度　果柄基部离层形成，果实容易采收，表明果实已经成熟。

果实种子颜色

(7) 淀粉含量 果肉淀粉含量的多少，用 0.5% ~ 1.0% 的碘 - 碘化

钾溶液处理果肉截面，根据截面染成蓝色的面积的大小来判断。主要用于秋子梨和西洋梨。对于西洋梨来说，若60%的剖面变成蓝色，即达到适宜采收期。

（二）梨果采收的方法

1.采收的要求

不套袋又准备长期贮藏的梨果在采收前要喷一次高效低毒的杀菌剂，如多菌灵、甲基托布津等，以铲除梨果表面或皮孔内的病原菌，减轻贮存期间的危害。要求无伤采收。在采收过程中要求避免一切的机械损伤，如指甲划伤、跌撞伤、碰伤、擦伤、挤压伤等，并且要轻拿轻放。梨果的果柄要完整，既不能损伤果柄又不能损伤果台及果台枝，以免影响当年商品果率及翌年的产量。盛梨果的容器要求用硬的材料，如塑料周转箱或竹筐、柳条筐等，箱或筐的里面要用软的发泡塑料膜或麻布片作内衬，以免在采收过程中碰伤梨果。

装果箱内衬多层软纸避免果实磕碰

使用摘果器摘果

梨树树体高大，高处的果需要登梯子或上树才能摘到，操作不便，效率低，有时还有危险。山东临沂生产了一种摘果器，操作简便，站在地面就能准确摘到高处的果实，减少了登高的危险。

采果应尽量选择晴朗的天气，在晨露干后至上午12点前和下午3点以后进行，以最大限度地减少果实田间热。下雨、有雾或露水未干的时候采摘的果实，由于果面附着有水滴，容易引起腐烂。必须在雨天采果时，需将果实放在通风良好的场所，尽快晾干。

2. 采收方法

采收一般应按成熟度分期采摘，并应按自下而上，由外至内的顺序进行。采果人员要剪平指甲或戴手套。摘果时手托住果实底部，向上一抬，果柄即与果枝分离。采后砂梨和秋子梨品种如要求剪果柄，则一定要避免果柄剪划伤果皮。新的果柄剪在使用前要将先端轻轻打磨，将果柄剪的尖端打平。修剪果柄时要将果柄剪轻轻落下，不要用力过大，否则将划伤果皮造成伤害，形成次果。如果采后直接入冷库的，要在周转箱内直接放入塑料保鲜膜，并避免多次倒箱，碰伤梨果。在采运的过程中要避免挤、压、抛、碰、撞。

二、分级

果品分级的主要目的，是使之达到商品化标准。果实的大小和品质受自然界和人为多种因素影响。不同果园，同一果园的不同树体，甚至同一株树不同枝条或同一枝条不同部位的果实，也不可能完全一致。因此只有通过果品分级，才能按级定价，便于收贮、销售和包装。通过挑选、分级，剔除病、虫、伤、烂果，可以减少在贮运期间的损失。另外果实大小和内在品质不同，其耐贮能力也不同，通过分级贮藏，采取不同贮藏技术，可有效减少果实贮藏损失。梨的分级标准依照国家标准《鲜梨》(GB/T 10650—2008) 执行。

目前，我国在生产中主要依据果实大小和重量分级。在果量不大，对品质要求不高时，可采用果实分级板及操作者目测法进行人工分

机械分级（曹雨提供）

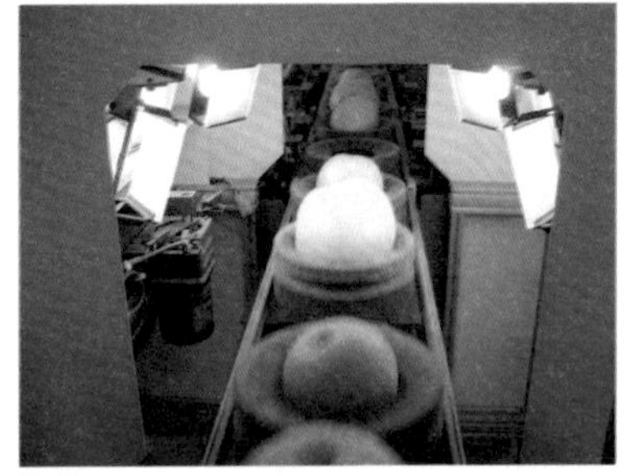
日本无损伤检测选果机

级。量大时应采用机械分级。

在日本、欧美等发达国家，果品分级中已广泛应用无损伤检测技术，除了果实大小、重量、颜色等外观品质外，还可以检测糖度、硬度等内在品质，确保产品品质的一致，是今后生产发展的方向。

三、包装

科学、规范的包装是提高梨果实的商品性、市场竞争力与销售价格的重要环节。梨果包装不仅减少了果品在运输过程中的损伤，还可有效防止二次污染。

1. 包装场地

包装场地应通风、防晒、防雨、防潮、干净整洁、无病原菌污染，没有异味物质，远离刺激性气味及有毒的物品。

2. 包装材料

包装分内包装和外包装，内包装采用单果包纸、PE或PVC发泡网，或者先包纸再外套发泡网，可有效缓冲运输碰撞，减少机械损伤。包裹纸需清洁完整、质地柔软、薄而半透明，吸潮、透气性好。也可用油纸或用符合食品卫生要求的药纸。外包装可用纸箱、塑料箱、木箱等。塑料箱、木箱可作贮藏箱或周转箱，纸箱可做贮藏箱和销售包装箱。

果箱包装

销售包装箱

3. 包装规格

目前梨果包装规格因品种、产地和销售市场而异，一般用于贮运的包装以重量计数，有5千克、10千克、15千克等规格。也可按果实数量设计包装箱，如 6 个、8 个、10 个果等规格。

4. 包装标志

包装箱上应标明品名、产地、净重、质量等级、规格、日期、生产单位和销售商名称、地址等，对取得的农产品质量安全证书等标志也应按有关规定使用。

四、果实的贮藏

（一）贮藏用梨果质量要求

入贮前果实应具有优等或一等质量，其质量要求参见国家标准《鲜梨》(GB/T 10650—2008)。个头过大的果实、幼树果实、施肥比例不当尤其是施氮肥过多树的果实、采前灌水过多或雨季采收的果实以及果实生长发育季节阴雨过多的果实，难以长期贮藏，采摘后应及时上市销售或仅作短期贮藏。

（二）贮藏环境的要求

1. 温度

温度是梨果贮藏的基本条件，在一定范围之内，降低贮藏温度，可以延长梨果的贮藏寿命。梨的品种不同，所要求的贮藏初期温度不同，但长期贮藏所要求的温度基本接近，一般在 − 1 ～ 2℃。

2. 湿度

梨果比较容易失水，在贮藏期间可引起干耗增多，果皮皱缩，影响梨果的商品价值，因此保持一定的湿度非常重要。梨果在冷库贮藏期间比较适宜的湿度为 85% ～ 95%。

3. 气体成分

梨果在贮藏过程中的气体成分，对贮藏效果影响很大。适当的提高二氧化碳的浓度，减少氧气的浓度，可以达到抑制果实的呼吸强度，延缓衰老，提高梨果的贮藏质量和效果。

（三）贮藏方法

1. 贮前处理

贮前处理主要包括化学防腐保鲜剂和天然防腐保鲜剂、生理活性调节剂、涂膜保鲜剂、乙烯吸收剂及作用抑制剂等处理方法。由于梨果实的果皮较薄，不宜采用长时间浸泡、滚动清洗等方式，值得应用的是目前研究最广泛的乙烯吸收剂和 1-MCP 处理技术。

(1) 清扫处理　清扫处理主要包括清洗或吹扫果实萼端，以除去萼端残留的病菌、虫卵和灰尘，减少贮藏期间的安全隐患，利于出口检疫检查。

(2) 乙烯吸收剂和 1-MCP 处理　乙烯吸收剂目前已在商业上投入使用，主要通过吸收贮藏环境中的乙烯，保持果实贮藏中的低乙烯水平，减少乙烯对果实的催熟作用。一般多采用片剂，直接放入包装内即可。

近年来，新型乙烯受体抑制剂——1-MCP(1- 甲基环丙烯)，得到了广泛应用。其作用是能明显抑制乙烯合成，减少贮藏环境中的乙烯浓度，有抑制果实软化、延缓果实营养品质下降、保持固有果实色泽、保持风味物质、控制果实贮藏期间生理病害等效果。一般采取采后常温处理的方式，处理浓度为 0.5 ~ 1.0 μl/L，处理时间为 12 ~ 24 小时。处理后果实迅速进入常规贮藏。

1-MCP 熏蒸布局（王文辉提供）

2. 冷库贮藏

机械冷库贮藏的技术关键是合理控制库温、保持库内湿度和加强通风换气（表 8-1）。采摘后梨果经不起骤然降温，要将梨果长期贮藏，就必须经过预冷。预冷的目的就是将采收时果实带来的田间热量和自身产生的呼吸热很快散去，有利于降低果实呼吸强度，减少果实水分的蒸发。在有条件的地方，可以将分级包装的果箱直接放在 10℃左右的冷库中预冷 24 ~ 48 小时，再进行贮藏，部分品种如鸭梨等贮藏前期应缓慢降温。某些日韩梨和西洋梨等易发生软化的品种，则不推荐采用预冷或缓慢降温方式，以免发生果实软化而降低商品价值。贮藏期间要求的湿度为85%～95%，贮藏前期要求的湿度尤其重要，当湿度达不到要求时，可将清水洒于地面，或在库内悬挂湿草帘。要求库内的氧气为12%～13%，二氧化碳的浓度为1%以下。因此库内要不断地换气，人在库内嗅不出梨果的味道。并且要不断清除梨果由于新陈代谢产生的有害气体，如乙烯、乙醇、乙醛等，采取强制通风和安装空气洗涤器即可达到目的。

冷库 （韩继义提供）

冷库内果箱码放（王文辉提供）

表 8-1 主要梨品种适宜的贮藏条件及贮藏期

品种	贮藏温度（℃）	贮藏期（月）	品种	贮藏温度（℃）	贮藏期（月）
砀山酥梨	0	5～7	丰水	−1～0	5～6
鸭梨	10～12→0	5～7	黄金	−1～0	5～6
雪花梨	0	5～7	园黄	0～1	5
苹果梨	−1～0	7～8	新高	0～1	5
茌梨	0	3～5	巴梨	0	2～3
早酥	0～2	1～2	早红考蜜斯	−1～0	1～2
京白梨	−1～0	4～5	阿巴特	0	2～3
南果梨	0	4～5	康佛伦斯	−1～0	4～5
翠冠	15→0～2	2～3	凯思凯德	−1～0	4～5
黄冠	8～10→0	7～8	五九香	0	3～5
红香酥	8～10→0	7～8	八月红	0	3～4
玉露香	6～7→0～1	8～9			

3. 气调贮藏

目前在我国的发达地区已经普及气调贮藏（表 8-2）。气调贮藏梨果时，需要建造气调库，在建库的时候要注意以下两点：一是气调库的密闭性。要求具有较高的气密性，以维持库内的气体成分。除了库体墙壁的密闭外，还要求库门、通气口以及水、电、送冷管道都应隔气密闭，并认真落实检漏、补漏等措施，以保证质量。二是配备各种气调设备。国内使用的制氮设备有两种，一种是用燃料作能源的燃烧式氮气发生器，另一种是以电能为动力，以炭分子筛作脱氧用的制氮机。二氧化碳的脱除多用活性炭。

表 8-2 部分梨品种适宜的气调贮藏条件及贮藏期

品种	温度（℃）	气体浓度		贮藏期（个月）
		氧气（%）	二氧化碳（%）	
鸭梨	10 ~ 12 → 0	10 ~ 12	<0.7	8
库尔勒香梨	0	8	1	8 ~ 10
茌梨	自然降温	前期 3 ~ 5，后期 4 ~ 6	前期 3 ~ 5，后期 1 ~ 2	4 ~ 5
南果梨	0	5 ~ 8	3 ~ 5	5 ~ 6
京白梨	0	5 ~ 10	3 ~ 5	4 ~ 5
丰水	0	3 ~ 5	≤ 1	6 ~ 7
黄金	−1 ~ 1.5	3 ~ 5	< 0.5	6 ~ 7
园黄	0 ~ 1	3 ~ 5	≤ 1	5 ~ 6
巴梨	−0.5 ~ 0	1	0	4
康佛伦斯	−1	2.5	0.7	7.5
派克汉姆斯	−0.5	2	<1.0	5
凯思凯德	−1 ~ 0	1.0 ~ 2.0		> 8

（四）贮藏病害及防治措施

1. 微生物病害

采后的主要病害是真菌病害。危害较大有青霉病、褐腐病、轮纹病、疫腐病、黑斑病、黑星病、灰霉病、炭疽病等。目前尚没有根除这些病害发生的有效方法，只是采取一定的预防措施：一是尽量减少磕碰伤；二是在采收和入库前，将病果和好果分开；三是控制库温，温度低于 5℃果实腐烂率即可大大降低，0℃贮藏可基本抑制微生物的生长；四是贮藏前将冷库及存果的地方，进行消毒，杜绝病害的传染；五是在入库前将所要入库的果品进行药物处理，如用托布津、多菌灵等，浓度为1000倍。

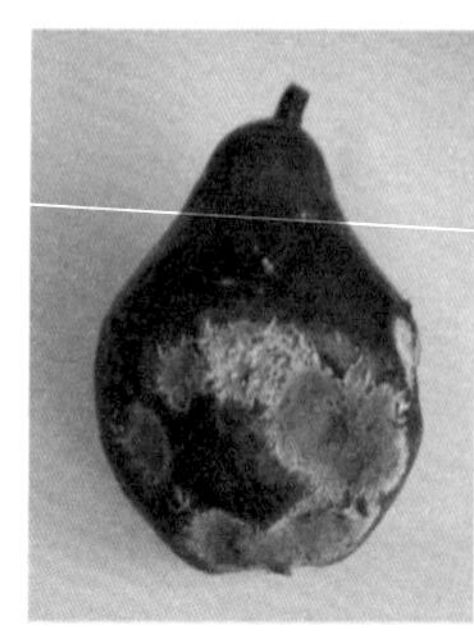
青霉病

2. 生理病害

(1) 黑心病　黑心病是梨果品贮藏期间的重要病害，如黄金梨、茌梨、雪花梨、鸭梨、香梨等都有发生。发病的症状是外观色泽暗黄，果心、果肉均变褐色，有酒味。

黑心病

防治方法：一是入库后避免降温过快；二是在梨树生长期间要严格控制氮肥的使用量，多施磷、钾、钙肥和有机肥，在采收前2周不浇水，在生长期间要喷2～3次0.2%～0.3%的氯化钙或硝酸钙；在采收后用2%～4%的氯化钙浸果5～10分钟；三是适当早采，果实花籽时采摘；四是在贮藏期间要降低二氧化碳的浓度，二氧化碳的浓度应降在1%以下。

黑皮病

(2) 黑皮病　是梨果品贮藏期间的常发病害，症状为梨的果皮呈褐色或黑褐色斑纹，严重时连结成不规则的片状或带状斑块，或果皮全部褐变，而果肉缺不发生病变。

主要防治方法：一是适期采收，控制库内环境的二氧化碳浓度，并维持一定的温度、湿度，并保持稳定；二是采用气调贮藏，并脱除库内的乙烯等对果品贮藏不利的气体；三是贮藏期要适当，不要过期。

(3) 其他病害 贮藏期间还有其他病害，如二氧化碳伤害、低氧伤害、冻害、果肉衰老褐变等在梨果贮藏期间都要加以重视。

五、运输

梨果运输需注意减少磕碰伤，保持较为合理的运输温度。外界气温高于 10℃或低于 − 1℃时，运输时需采用冷藏车、保温集装箱或用棉被等保温。早中熟品种采后南运时，必须预冷，运输时间在 3 ~ 5 天，运输温度不得超过 10℃。运输时间超过 5 天以上时，运输温度应与贮藏温度相同。贮藏 (尤其是长期贮藏) 的果实出库后，运输温度不应超过 5℃。外销果实应采用与贮藏相同的温度条件运输。运输时应注意以下事项：一是避免和减少振动；二是装运时，为使车船内空气流通，各货件之间以及货件与底板间需留有一定间隙；三是装卸时轻拿轻放，码垛要稳固。

梨果运输（李秀根提供）

第九章 病虫害防治

一、常见病害及其防治

（一）真菌病害

1.梨黑星病

(1) 症状 梨黑星病能为害梨树的所有绿色组织。叶片受害处先生出黄色斑，逐渐扩大后在病斑叶背面生出黑色霉层。果实受害处出现淡黄色圆形病斑，表面密生黑色霉层。随着果实长大，病斑逐渐凹陷、龟裂。春季病芽梢的基部四周产生黑霉，鳞片松散，经久不落，顶端叶片发红。

梨黑星病

(2) 侵染及发病规律 梨黑星病以菌丝和分生孢子在病组织中越冬，也可以菌丝团或子囊壳在落叶中过冬。梨黑星病的发生及流行与降雨次数和降雨量有密切关系，温度也有一定影响。空气湿度很大，有利于黑星病的发生。白梨、秋子梨品种最易感病，砂梨次之，西洋梨较抗病。

(3) 防治措施

①果实采收后 清扫落叶，结合冬季修剪剪除病梢，集中烧毁或深埋，减少病菌越冬基数。

②发芽前 喷5度石硫合剂，杀死菌源。

③病芽梢初现期 及时、彻底剪除病芽梢。

④生长季 喷药防治，选用的药剂有80%代森锰锌可湿性粉剂800倍液、40%福星乳油8000～10000倍液、10%世高水分散粒剂6000～7000倍液等。为避免产生抗药性，这些药剂不能长期单一连续使用，而应与其他保护性杀菌剂交替使用。

使用风送式弥雾机打药

2. 梨轮纹病

轮纹病为害果实

轮纹病为害枝干

(1) 病状 梨轮纹病在我国北方梨产区普遍发生，是梨树主要病害之一，该病主要为害枝干及果实，叶片很少受害。枝干上发病多以皮孔为中心，产生褐色至暗褐色病斑，病斑近圆形至长椭圆形，直径约5～15毫米。果实染病后以皮孔为中心，初期发生水浸状褐色圆斑，逐渐扩大并有同心轮纹。

(2)侵染及发病规律 以菌丝体和分生孢子器在病残组织中越冬，4～6月间形成分生孢子，7～8月间分生孢子大量散发，借风雨传播。干旱年份发病较少，温暖多雨年份发病严重。果园管理粗放，肥水不足，树势衰弱，易感染此病。西洋梨最易感病，白梨较抗病。

(3) 防治措施

①春季刮除病皮，而后涂抹药剂如腐必清 2 ～ 3 倍液，或 5% 菌毒清水剂 30 ～ 50 倍液等。

②增施磷、钾肥，增强树势，提高树体抗病力。

③喷药保护果实。5 ～ 8 月每隔 10 ～ 15 天喷药一次。有效药剂有：50% 多菌灵可湿性粉剂 1000 倍液、40% 福星乳油 8000 ～ 10000 倍液、70% 甲基硫菌灵可湿性粉剂 1200 倍液等。

3. 梨腐烂病

梨腐烂病

(1) 症状　主要为害主干、主枝和侧枝。发病初期病部稍肿起，呈水浸状，红褐色至暗褐色，病组织松软，用力挤压时病部下陷，并有褐色汁液流出，病斑失水后干缩，病皮和健皮交界处裂开，病皮表面产生黑色颗粒状小突起（分生孢子器），当树皮潮湿时，从中涌出黄色丝状的孢子角。

(2) 侵染及发病规律　以分生孢子器或菌丝体及子囊壳在病组织中越冬，树体萌动时活动，春季病斑扩展最快，分生孢子器遇雨产生孢子角，以分生孢子借风雨传播，多从伤口侵入。老弱树发病较重，树势强壮发病则少。病斑夏季扩展缓慢，秋季发病较轻。树干阳面发病多，阴面发病少。主枝分杈处发病多。西洋梨发病多。

(3) 防治措施

①加强栽培管理，增强树势，以提高抗病力。

②树干涂白防止日灼和冻伤，可减少该病发生。

③及时刮除病疤，经常检查，发现病疤及时刮除，刮后涂以腐必清 2 ～ 3 倍液，或 5% 菌毒清水剂 30 ～ 50 倍液，或 2.12% 843 康复剂 5 ～ 10 倍液等。

④春季发芽前全树喷布 5% 菌毒清水剂 100 倍液，或 20% 农抗 120 水剂 100 倍液等。

⑤ 在病疤较大的部位进行桥接或脚接，帮助恢复树势。

4. 梨黑斑病

梨黑斑病

(1) 症状　主要为害果实、叶片和新梢。叶片开始发病时为圆形、黑色斑点，后扩大为圆形或不规则形，中心灰白色，边缘黑褐色，有时微现轮纹。果实受害初期产生黑色小斑点，后扩大成近圆形或椭圆形。病斑略凹陷，表面遍生黑霉。果实长大后，果面发生龟裂。新梢病斑早期黑色、椭圆形，稍凹陷，后扩大为长椭圆形，凹陷更明显，淡褐色。

(2) 侵染及发病规律　以分生孢子及菌丝体在病叶、病果和病梢上越冬，翌年春天病部产生分生孢子，进行初次侵染。由表皮、气孔或伤口侵入，整个生长季均可发病。降雨早、雨量大、次数多、果园地势低洼、通风不良、偏施氮肥均有利于该病发生。

(3) 防治措施

①秋季清园，清除病叶，集中烧毁，减少菌源。

②加强栽培管理。增强树势，提高抗病力。合理整枝，使树冠通风透光，减少病害发生。

③萌芽期喷 5 度石硫合剂。从花后开始每隔 15 天喷一次杀菌剂，连续 5 ～ 6 次。选用药剂有：70% 代森锰锌或 80% 喷克、大生 M-45 可湿性粉剂 600 ～ 800 倍液、1 ：2 ：240 倍波尔多液等。

5. 梨褐斑病

梨褐斑病

(1) 症状　仅发生在叶片上，发病初期叶面产生圆形小斑点，边缘清晰，后期斑点中部呈灰白色，病斑中部产生黑色小粒点状突起，造成大量落叶。

(2) 侵染及发病规律　病菌在落叶上过冬，春天产生分生孢子及子囊孢子，成熟后借风雨传播到梨树叶上进行初次侵染。在生长季，病叶上产生分生孢子行再侵染并蔓延为害。多雨年份、肥力不足、阴湿地块发病较重。

(3) 防治措施

①增强树势，提高抗病力。合理整枝，使树冠通风透光，减少发病。

②秋后清除落叶，集中烧毁或深埋，减少越冬菌源。

③雨季到来前喷 70% 甲基托布津可湿性粉剂 1000 倍液，或 50% 多菌灵可湿性粉剂 700 ～ 800 倍液，或波尔多液 1：2：200 倍液等。

6. 梨锈病

(1) 症状　又称赤星病，为害叶片、幼果和新梢。发病初期病斑为橙黄色圆形小点，逐渐扩大为大斑，略呈圆形。病斑周缘红色，中心黄色，叶正面病斑凹陷，背面稍鼓起，后期病斑正面密生黄色颗粒状小点，溢出淡黄色黏液。病斑背面隆起，其上长出黄褐色似毛的管状物。其转主寄主为桧柏，在桧柏上长冬孢子角，干缩时呈褐色舌状，吸水膨大时为半透明的胶质物。

梨锈病

(2) 侵染及发病规律　以多年生菌丝体在桧柏病组织中越冬，早春以担孢子随风雨传播，侵染梨的嫩叶、新梢和幼果。产生锈孢子后，借风力传播到桧柏树上越夏、越冬。此病春季多雨、温暖易流行，春季干旱则发病轻。

(3) 防治措施

①清除转主寄主，彻底砍除距果园 5 千米以内的桧柏树。

②不能刨除桧柏时则应剪除桧柏上的病瘿。早春喷 2 ～ 3 度石硫合剂或波尔多液 160 倍液，也可喷五氯酚钠 350 倍液。

③在发病严重的梨区，花前、花后各喷一次药进行保护，可喷 25% 粉锈宁可湿性粉剂 1500 ～ 2000 倍液、40% 福星乳油 8000 ～ 10000 倍液、10% 世高水分散粒剂 6000 ～ 7000 倍液等。

7. 梨白粉病

(1) 症状 多在秋季为害老叶。病斑出现于叶片背面，大小不一，近圆形，常扩展到全叶。病斑上产生灰白色粉层，后期在病斑上产生小颗粒，小颗粒起初黄色，以后逐渐转为褐色至黑色。严重时造成落叶。

梨白粉病

(2) 侵染及发病规律 病菌以菌丝在病叶、病枝（芽）内越冬。4 月中旬前后分生孢子随风传播，侵入叶背。6 月上、中旬病部见菌丝后再次侵染，辗转为害。

(3) 防治方法

①秋季清扫落叶，消灭越冬菌源。

②改善栽培管理，多施有机肥，防止偏施氮肥。适当修剪，使树冠通风透光良好。

③夏季结合其他病害防治，药剂可参考梨锈病。

8. 根癌病

(1) 症状 为害根颈和主侧根，形成大小不等、表面粗糙的褐色肿瘤，影响养分和水分的运输和吸收。病树发育不良，树势弱，严重的叶片发黄早落，植株枯死。

根癌病

(2) 侵染及发病规律 病菌在田间病株、残根烂皮、土壤中越冬，在土壤中能存活 1 年以上，通过嫁接口、气孔、昆虫或人为因素造成的伤口侵入寄主，引起寄主细胞异常分裂，形成癌瘤。带病苗木是远距离传播的主要途径。

（3）防治方法

①选用无病健壮苗木。

②加强检疫，严禁病苗出圃。

③苗木栽植前，用 30 倍的 K-84 液浸根 5 分钟。发现病瘤时，先用快刀彻底切除病瘤，然后用 30 倍的 K-84 液、硫酸铜 100 倍液、5 度石硫合剂等消毒伤口，切下的病瘤应随即烧毁。病株周围的土壤可用 30 倍的 K-84 液灌注消毒。

④田间作业尽量避免根部伤口，及时防治地下害虫，以减轻发病。

9. 梨疫腐病

(1) 症状 又叫梨疫病、梨树黑胫病、干基湿腐病。主要危害果实和树干基部。果实受害，多在膨大期至近成熟期发病。果面出现暗褐色病斑。树干受害，在幼树和大树的地表树干基部，树皮出现黑褐色、水渍状、形状不规则病斑。新栽苗木和 3 ～ 4 年生的幼树发病，主要发生在嫁接口附近，长势弱，叶片小，病斑绕树干一圈后，造成死树。大树发病，削弱树势，叶发黄，果小，树易受冻。

梨疫腐病

(2) 防治方法

①选用杜梨、木梨、酸梨做砧木，采用高位嫁接或苗浅栽，使砧木露出地面，防止病菌从接口侵入。灌溉时树干基部用土围一小圈，防止水直接浸泡根颈部。

②梨园内及其附近不种草莓，减少病菌来源。

③及时除草，果园内不种高秆作物，防止遮荫。

④药剂防治。果实膨大期至近成熟期发病，见到病果后，立即喷 80%三乙膦酸铝可湿性粉剂 800 倍液或 25%甲霜灵可湿性粉剂 700 ～ 1000 倍液。树干基部发病时，对病斑上下划道，间隔 5 毫米左右，深达木质部，边缘超过病斑范围，充分涂抹 843 康复剂原液或 10%果康宝膜悬浮剂 30 倍液。

10. 套袋梨黑点病

套袋梨黑点病

(1) 症状　由弱寄生菌侵染引起的一种新型病害，仅为害套袋果实，由细交链孢菌和粉红单端孢菌真菌侵染所致。黑点病常在果实膨大至近成熟期发生，初期为针尖大小的黑色小圆点，中期连接成片甚至形成黑斑，后期黑斑中央灰褐色，木栓化，不同程度龟裂，采摘后黑点或黑斑不扩大，不腐烂。

(2) 侵染及发病规律　该病的发生与套袋梨品种的抗病性、气候条件、立地环境和果袋的透气性等因素有关。套袋时所选育果袋的透气性差是发生黑点病根本原因。在花期时，雌蕊最易感染该病菌，进而感染花的其他部位，而套袋又为病菌提供了适宜的温度、湿度，导致该病的大发生。鸭梨、绿宝石、早酥等品种套袋后发病重，黄冠、黄金、大果水晶等品种冠中部最多，垂直分布树冠下部较多。

(3) 防治方法

①加强栽培管理，促使树体健壮、树形通风透光、梨园湿度合理。

②选择防水、隔热和透气性能好的优质梨袋。

③合理修剪，改善梨园群体和个体光照条件，保证树冠内通风透光良好。

④规范套袋操作，选择树冠外围的梨果套袋，尽量减少内膛梨果的套袋量。操作时，要使梨袋充分膨胀，避免纸袋紧贴果面。严密封堵袋口，防止病菌侵入。

⑤套袋前喷布杀菌和杀虫剂，药剂可选用 25% 阿米西达悬浮剂 1500 ~ 2000 倍液、80 % 大生 1000 倍液、80 % 乙磷铝可湿性粉剂 800 倍液等。

（二）生理病害

1. 梨黄头病

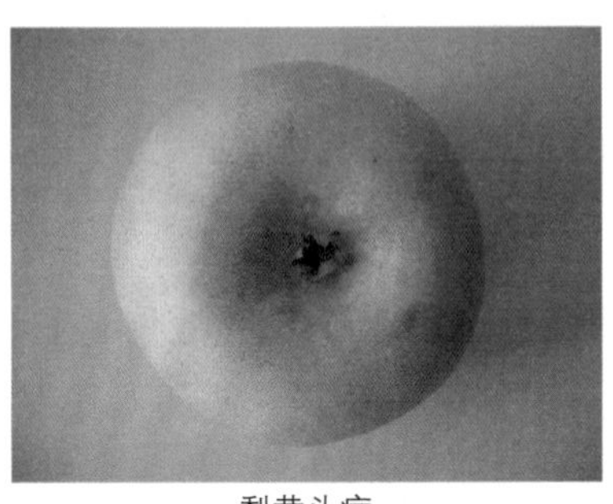
梨黄头病

(1) 症状 在黄金梨上发病较重，果实长到 1/3 或 1/2 时开始出现，萼片变黄，萼部周围组织变硬。到黄金梨成熟时，在梨果实花萼周围，明显有深黄色的黄头（黄帽），果肉变硬，发黄部位的果皮、果肉呈深黄色。

(2) 发病规律 由生长季节土壤水分含量波动大，造成水分平衡失调引起。套塑膜内袋的比套小蜡纸内袋的黄金梨黄头现象轻得多，几乎看不出病症，但可溶性固形物含量较低。脱萼果与宿萼果发生黄头病的区别不大。盐碱梨园土壤中的硼、锌等元素缺乏，发病重。

(3) 防治方法 一是加强管理。尤其是加强肥水和花果管理，适当增加有机肥和微量元素肥料的使用量，并合理疏花疏果，严格按照枝果比或距离留果。二是合理进行整形修剪。幼树要行轻剪长放，缓和树势，避免由于修剪过重而造成树势过旺，导致黄金梨幼果不脱萼。三是注意稳定土壤水分，可结合节水灌溉进行树行起垄和覆黑色地膜、地布，稳定土壤水分，防止杂草生长。

2. 黄冠梨“鸡爪病”

黄冠梨鸡爪病

(1) 症状 发病开始时在果实表面皮孔周围出现褐色斑点，随后发展为不规则弯曲且类似鸡爪形的褐色纹理，随时间推移，病斑颜色由浅变深并伴随轻微凹陷。病果的果肉正常。

(2) 发病规律 病因与果实矿质营养失衡有关。套袋果实发病率较高，不套袋的果实不发病。发病品种主要是黄冠，大果水晶、绿宝石等绿皮梨品种也有发生。发病时期主

要集中在 7 月中下旬，且每次发病均伴有大的降雨、降温过程。成熟度高、单果质量大的果实发病率高。施有机肥者轻。果实在树上、采摘后及贮运过程中均可发病，且突发性强，病斑扩展迅速，发病时间短。

(3) 预防措施

①重施有机肥，并注意平衡施肥。发病严重者可花前株施 100 ~ 200 克硼砂。发育期不追速效肥，如树势较弱则可于发育前期追氮、磷复合肥。

②冬剪注意枝组的合理分布，以保证冠内的通风透光。每亩留果量不超过 14000 个，产量控制在 3500 ~ 4000 公斤。

③果实套袋前喷施瑞恩钙等有机钙盐，每 7 ~ 10 天喷一次，连喷 2 ~ 3 次。

④选用透气性、透光性好的果实袋，套袋时期在 5 月下旬至 6 月上旬。

⑤花前水和冻水要浇足，其他时期的浇水依施肥和需水状况而定，避免大水漫灌。另外，多次中耕能提高地温，提高吸收层根系活性，从而提高钙素的吸收效率，在一定程度上可降低发病率。

3. 梨顶腐病

梨顶腐病又叫尻腐病、蒂腐病。多发生于西洋梨品种，故又称洋梨顶腐病。可使果实腐烂脱落，严重影响梨树产量和质量。

梨顶腐病

(1) 症状 梨顶腐病主要为害果实。幼果期即开始发病，先在果实萼洼周围出现淡褐色、稍浸润的晕环，渐次扩大，颜色加深。严重时病块可波及果顶的大半部。病部黑色，质地坚硬，中央灰褐色。有时因感染其他杂菌而腐烂，使病部长出黑色或粉红色的霉，此时病果大量脱落。

(2) 发病规律 以往的资料认为梨顶腐病是一种生理性病害。近年的资料认为是半知菌类真菌病害。6 ~ 7 月间发病较多，病斑扩展也较快。发病轻的果实果顶发尖并石细胞化，果肉也有硬化现象。可能是真菌病害和水分生理失调与缺硼的综合症，果实近熟时很少发病。用杜梨作砧木嫁接洋梨，树势较强顶腐病发生少。

(3) 防治方法

①繁育西洋梨苗木时，选用杜梨作砧木，以减少顶腐病的发生。

②加强果园肥水管理，多施有机肥，促使树势生长健壮，提高梨树的抗逆能力。

③注意保持土壤水分的稳定供应，结合节水灌溉行内覆盖黑色地膜或地布保水。

④花后叶面喷施 0.3% ~ 0.5% 硝酸钙或 0.3% 硼砂，每隔 5 ~ 7 天喷一次，连续喷 2 ~ 3 次。

4. 缩果病

缩果病果实外观

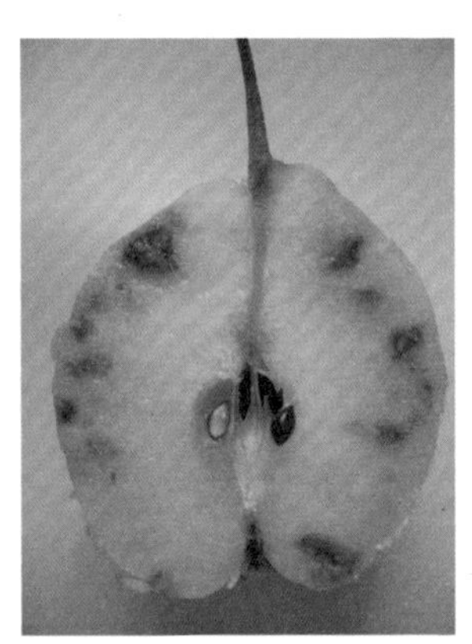

缩果病果实内部

(1) 症状　由缺硼引发。发生严重的树自幼果期就显现症状，果实上形成数个凹陷病斑，严重影响果实发育，最终形成猴头果。凹陷部位皮下组织木栓化。

(2) 发生规律　在碱性土壤中硼元素容易被固定，因此，缩果病在偏碱性土壤的梨园发生较重。另外，硼的吸收与土壤湿度有关，过湿和过干都影响梨树对硼的吸收，所以在干旱贫瘠的山坡地和低洼易涝地更容易发生缩果病。

(3) 防治方法

①适当的肥水管理。干旱年份注意及时浇水，低洼易涝地注意及时排涝，维持适中的土壤水分状况。

②叶面喷硼元素。对有缺硼症状的梨树和梨园地块，从幼果期开始，每隔 7 ~ 10 天喷施 300 倍硼酸溶液，连喷 2 ~ 3 次，防治效果较好。也可以结合春季施肥，根据植株的大小和缺硼发生的程度，每棵树根施 100 ~ 150 克硼酸。

5. 日灼

叶片日灼

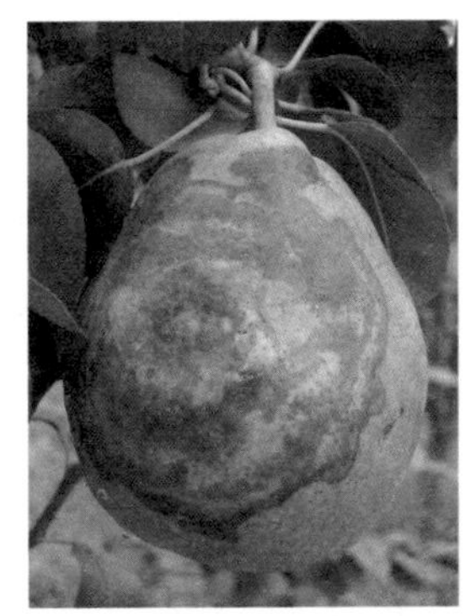

果实日灼

(1) 症状　日灼也称日烧，常发生在梨树的枝干、叶片及果实上。叶片受害，出现变色斑块，最后局部干枯。枝干受害，树皮出现变色、斑点，最后局部干枯。果实受害，产生近圆形或不规则的褐色坏死斑。

(2) 发生规律　枝干日灼常发生在冬春，西南面发生严重。叶片和果实日灼在干旱年份及连阴雨后遇到高温干燥天气时发生较重，生长衰弱的树也容易发生。品种中，砂梨系统中丰水等品种的叶片日灼严重，东北的一些品种在北京地区种植也容易出现叶片日灼的情况。

(3) 防治方法

①枝干涂白，反射太阳光，以缓和树皮的温度剧变。

②加强肥水、增强树势，在果实生长发育过程中做到以叶护果，避免果实日灼。

③ 6 ~ 8 月定期灌水或进行人工喷水，避免在高温烈日下喷药。

6. 裂果

(1) 症状　果面开裂，伤口处木栓化，失去商品价值。

(2) 发生规律　果实在迅速膨大期和着色期，如果灌水过多，特别是久旱灌水，或者长时间干旱突然遇大雨，容易发生裂果。树势不稳定，特别是树势弱时，也容易出现裂果。中梨1号、翠冠等品种易裂果。土壤黏重、地势低洼、排水不良、通透性差的梨园裂果率高。

(3) 防治方法

①选择土壤疏松肥沃的壤土或沙壤土建园。

②加强水分管理，及时灌排水，进行树下覆盖，防止土壤骤干骤湿。

③增施有机肥，少施化肥，改善土壤的理化性质，提高土壤的通透性，使树体健壮而树势稳定。

④果实套袋可以有效地降低雨水对果实直接冲刷的影响，从而减少裂果。

⑤选用不易裂果的品种。

二、主要虫害及其防治

1. 梨小食心虫

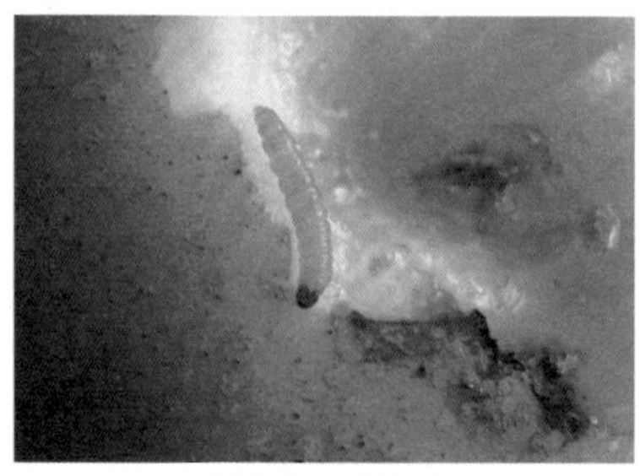

梨小食心虫幼虫

梨小食心虫成虫

(1) 发生与为害 又名梨小，是梨树的主要害虫。梨小为害嫩梢及果台，被害梢蔫萎、枯死并折断，外留有虫粪。梨小幼虫蛀入果实心室内为害，蛀入孔为很小的黑点，稍凹陷。幼虫在果内蛀食多有虫粪自虫孔排出，常使周围腐烂变褐，呈黑膏药状。幼虫老熟后由果肉脱出，留一较大脱果孔。

(2) 习性及发生规律 梨小食心虫每年发生 3 ～ 7 代，因地区不同而差异较大。以老熟幼虫在树皮缝内或其他隐蔽场所作一白色长茧越冬，苹果芽开绽期至开花前化蛹，桃抽梢期羽化成虫。在桃新梢上部叶背面产卵，1 ～ 2 代幼虫为害桃、李新梢，3 ～ 4 代幼虫为害桃、杏果实，4 ～ 5 代幼虫为害梨、苹果等果实。雨水多、湿度大的年份，发生量大，为害重。干旱少雨季节，发生量少，为害较轻。

(3) 防治措施

①建园时，应避免梨与桃混栽或近距离种植，减少梨小转移为害。

②结合清园刮除树上粗裂翘皮，消灭越冬幼虫。

③前期剪除梨小为害的桃、李梢。

④果实套袋。

⑤用糖醋液 (糖 5 份、醋 20 份、酒 5 份、水 50 份) 诱杀成虫。

⑥成虫发生期用梨小性诱剂诱杀成虫，每亩挂 15 ～ 20 个诱捕器，7 月份以前将其挂在桃园，后期挂在梨园。每月更换一次诱芯。

⑦用性信息素迷向丝防治。从萌芽期开始，每亩悬挂迷向丝 33 ～ 60 根，直至果实采收。连续多年使用，梨小食心虫的危害会大大降低。

⑧在二三代成虫羽化盛期和产卵盛期喷药防治，药剂有：25% 灭幼脲 3 号 800 倍液、20% 氟幼脲胶悬剂 800 倍液、2.5% 功夫乳油 2000 倍液、20% 氰戊菊酯乳油 2000 倍液等。

屋型诱捕器诱杀成虫

盆型诱捕器诱杀成虫

迷向丝防治梨小食心虫

2. 梨大食心虫

(1) 发生与为害　又名梨大，为害梨果实、芽和花序，秋季幼虫蛀芽(主要是花芽)为害，虫芽干瘪不能萌发。春季花芽膨大期转芽为害，受害花芽开绽后鳞片仍不脱落。幼果期蛀果为害，蛀入孔较大，虫果虽干缩变黑，仍悬挂不落。

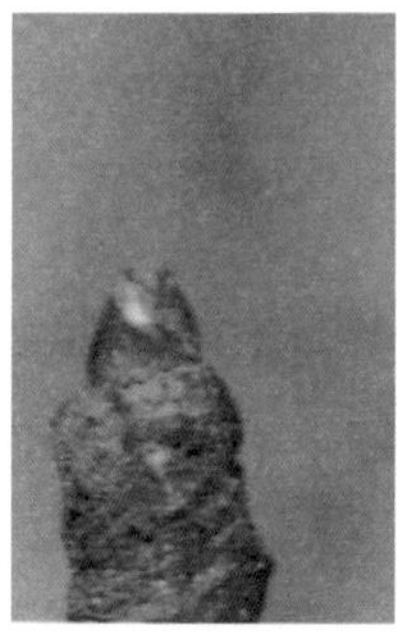
梨大食心虫为害芽

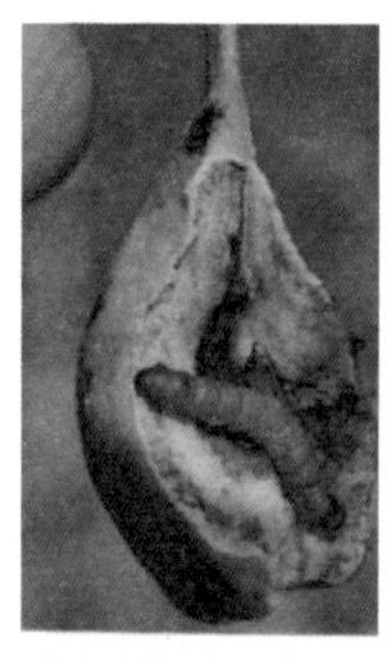
梨大食心虫为害幼果

(2) 习性及发生规律　在东北地区每年发生1代，华北每年2代，华中2～3代。以初龄幼虫在芽(大多是花芽)内结茧越冬，春季花芽膨大期幼虫出蛰后转芽为害，幼果期转果为害，一般为害1～3个芽，1～3个果。幼虫老熟后在最后为害的果内化蛹，化蛹前先作羽化孔，蛹期约10天。成虫羽化后产卵于果台和果萼附近。第1代幼虫为害期在6～8月，蛀果

梨大食心虫为害幼果

或蛀芽为害；第2代成虫在8～9月羽化，卵多产于芽缝内。幼虫8～9月蛀芽到髓心部结茧过冬。

(3) 防治措施

①结合梨树修剪，剪除虫芽，或早春摘除被害芽。

②越冬幼虫出蛰害芽期、幼虫转芽期、成虫发生期喷药防治。可喷杀虫剂：20%氰戊菊酯乳油2000倍液、2.5%敌杀死乳油2000倍液、2.5%功夫乳油2000倍液、5%高效氯氰菊酯乳油2000倍液等。

③转果期及第1代幼虫为害期采摘虫果，老熟幼虫化蛹期摘虫果集中烧毁或深埋。

3. 桃蛀野螟

桃野蛀螟成虫

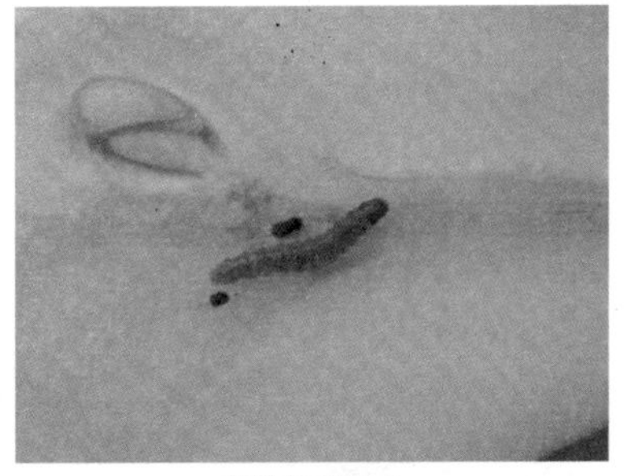

桃野蛀螟幼虫

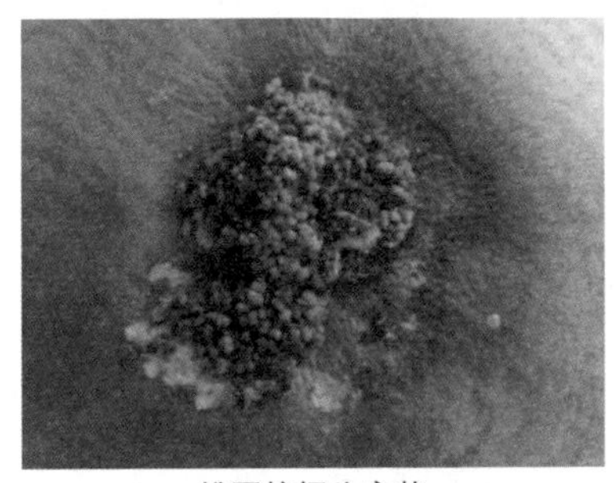

桃野蛀螟为害状

(1) 发生与为害　又名桃蛀螟、桃蠹螟等，以幼虫为害桃、梨、苹果等果树的果实。幼虫孵出后，多从萼洼蛀入，蛀孔外堆集黄褐色透明胶质及虫粪，受害果实常变色脱落。

(2) 习性及发生规律　辽宁、河北梨区，1年发生1代。均以老熟幼虫在树枝、干、根颈部粗皮裂缝里和锯口边缘翘皮内结茧越冬。在辽宁梨区翌年5月中下旬开始化蛹，越冬代成虫发生期为6月中下旬，第1代成虫发生期在7月下旬至8月上旬。

(3) 防治措施

①冬、春季清除玉米、高粱等遗株，摘除虫果，还可以利用黑光灯或糖醋液诱杀成虫。

②果实套袋保护。

③药剂防治。抓住第1代幼虫初孵期（5月下旬）及第2代幼虫初孵期（7月中旬）用药。掌握在卵孵盛期至二龄盛期（幼虫尚未蛀入果内）进行防治，药剂可选用5%氟铃脲1000～2000倍液、48%乐斯本（好劳力、新农宝）乳油1000倍液及2.5%功夫菊酯、2.5%敌杀死乳油各2000～4000倍液等喷雾。

4.中国梨木虱

梨木虱越冬成虫

(1) 发生与为害　成虫、若虫均可为害，以若虫为害为主。若虫多在隐蔽处，并可分泌大量黏液，常使叶片粘在一起或粘在果实上，诱发煤污病，受污染的果面和叶面呈黑色。

(2) 习性及发生规律　以成虫在树皮裂缝、落叶、杂草及土壤缝隙内过冬，早春梨萌芽前开始出蛰为害，先集中到新梢上取食，而后交尾并产卵。此期将卵产在短果枝叶痕和芽基部，以后各代成虫将卵产在幼嫩组织的茸毛内、叶缘锯齿间和叶面主脉沟内或叶背主脉两侧。每年发生代数各地均不相同，辽宁3～4代，河北4～6代，河南、山东5～7代。

树干绑瓦楞纸诱虫带诱杀越冬梨木虱、山楂叶螨等害虫

(3) 防治措施

①早春刮树皮、清扫园内残枝、落叶和杂草，消灭越冬成虫。

②保护和利用天敌。在天敌发生盛期尽量避免使用广谱性杀虫剂，使寄生蜂、瓢虫、草蛉及捕食螨等

发挥最大的控制作用。

③落叶前在树干上绑瓦楞纸诱虫带诱杀越冬梨木虱，效果明显，还可以兼治山楂叶螨等害虫。

④在越冬成虫出蛰盛期至产卵前喷1.8阿维菌素乳油4000倍液，2.5%功夫乳油、20%氰戊菊酯乳油、2.5%敌杀死乳油、5%高效氯氰菊酯乳油2000倍液等，可大量杀死出蛰成虫。

⑤在落花后第1代幼虫集中期喷10%吡虫啉可湿性粉剂3000倍液、5%高效氯氰菊酯2000倍液等。

5.梨二叉蚜

梨二叉蚜为害状

(1)发生与为害　又称梨蚜。在我国梨产区发生普遍，以成虫、幼虫群居于梨芽、叶、嫩梢及茎上吸食汁液，受害叶片向正面纵向卷曲呈筒状，轻者略卷，被梨蚜为害卷曲的叶片大多不能再伸展开，易脱落，受害严重的叶片提早脱落。

(2)习性及发生规律　每年发生20代左右，以受精卵在芽腋间、果台、枝杈缝隙等处越冬，花芽萌动期孵化为幼虫，为害花芽、花蕾和嫩叶。落花后开始大量产生有翅蚜，5～6月间转移到茅草、狗尾草等寄主上为害，9～10月产生有翅蚜，由夏寄主迁飞回梨园，繁殖几代后，雌雄交尾产生越冬卵，卵多散产于枝条、果台等各种皱缝处。

(3)防治措施

①早期发生量不大时，人工摘除被害卷叶。

②落花后，越冬卵全部孵化而又未造成卷叶时喷药防治，可选药剂有：10%吡虫啉可湿性粉剂3000倍液、10%蚜虱净可湿性粉剂4000～6000倍液、2.5%扑虱蚜可湿性粉剂1000～2000倍液等，全年用药1次即可控制为害。

③保护利用天敌。蚜虫天敌种类很多，主要有瓢虫、食蚜蝇、蚜茧蜂、草蛉等，当虫口密度很低时，不需要喷药。

6. 绣线菊蚜

绣线菊蚜

(1) 发生与为害 以成蚜和若蚜群集刺吸新梢、嫩芽和叶片汁液。被害叶尖向背弯曲或横卷，严重时引起早期落叶和树势衰弱。新梢受害，生长被抑制。

(2) 习性及发生规律 1 年发生 10 余代，以卵在枝条牙缝或裂皮缝隙内越冬。6 ~ 7 月间繁殖最快，也是为害盛期。

(3) 防治措施 参考梨二叉蚜。

7. 梨黄粉蚜

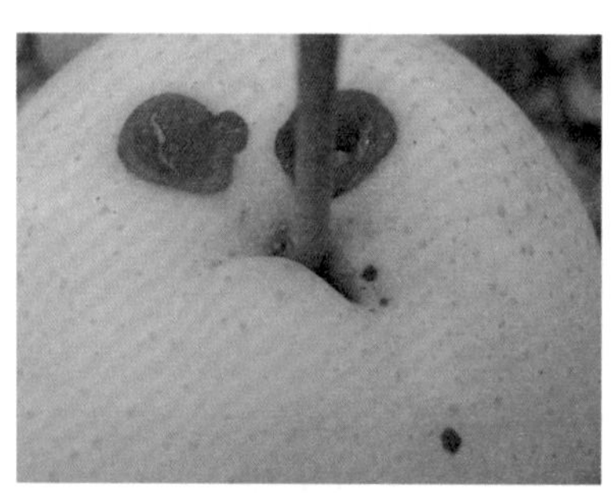

黄粉蚜为害状

(1) 发生与为害 又叫黄粉虫，在我国北方梨产区发生普遍，以成虫、若虫为害梨树果实、枝干和果台枝等。梨果受害处产生黄斑并稍下陷，黄斑周缘产生褐色晕圈，最后变为褐色斑，造成果实腐烂。

(2) 习性及发生规律 每年发生 8 ~ 10 代，以卵在果台、树皮裂缝、翘皮下越冬。此虫多在避光的隐蔽处为害，成虫发育成熟后即产卵，成虫、卵常堆集一处，似黄色粉末，故又叫“黄粉虫”。卵孵化后，幼虫爬行扩散，转至果实上为害。实行果实套袋的果园，因袋内避光，环境潮湿，幼虫从果柄上的袋口处潜入，很难用药剂防治，易造成为害。

(3) 防治措施

①冬、春季刮树皮和翘皮消灭越冬卵，也可于梨树萌动前，喷 99% 机油乳剂 100 倍液杀灭越冬卵。

②转果为害期喷药防治，药剂有：10% 烟碱乳油 800 ~ 1000 倍液、10% 吡虫啉可湿性粉剂 3000 倍液、3% 啶虫脒乳油 2000 ~ 2500 倍液、2.5% 扑虱蚜可湿性粉剂 1000 ~ 2000 倍液等。

③套袋栽培要使用防虫药袋，并于套袋前喷 1 次杀蚜虫的药。

8. 康氏粉蚧

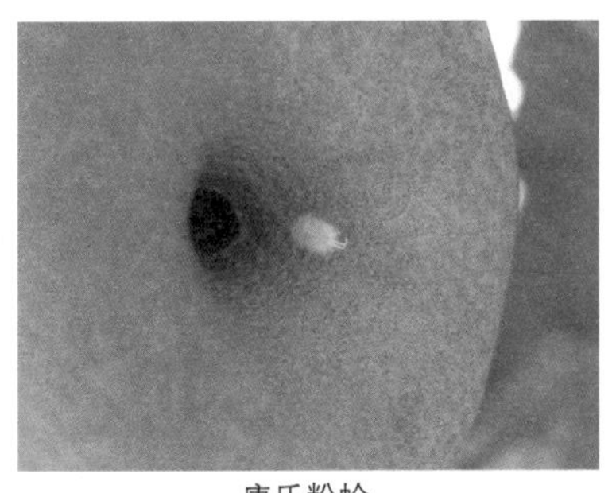

康氏粉蚧

(1) 发生与为害 以雌成虫、若虫刺吸幼芽、叶、果实、枝干和根的汁液，造成根和嫩枝受害处肿胀，树皮纵裂而枯死，果实成畸形果。

(2) 习性及发生规律 河南、河北1年发生3代，吉林延边2代，以卵在树体各种缝隙及树干基部附件土石缝处越冬。梨发芽时，越冬卵孵化为若虫，爬到枝叶等幼嫩部分为害。第1代、第2代、第3代若虫盛发期分别为5月中下旬、7月中下旬、8月下旬。

(3) 防治措施

①冬春季刮皮或用硬毛刷子刷除越冬卵，集中烧毁或深埋。

②在梨花芽萌动期，喷5波美度石硫合剂，杀死越冬卵。

③在若虫孵化期抓住一代若虫孵化盛期（5月中下旬）及时喷药。药剂可选用10%吡虫啉可湿性粉剂3000倍液或25%扑虱灵可湿性粉剂1000倍液、48%乐斯本1000倍液、40%速灭杀乳油800～1000倍液等。

9. 梨茎蜂

梨茎蜂为害状

(1) 发生与为害　梨茎蜂俗称折梢虫、切芽虫，是为害梨新梢的重要害虫，常见的有梨茎蜂和葛氏梨茎蜂两种。成虫产卵时将嫩梢从4～5片叶处锯伤，并将伤口下3～4片叶切去(仅留叶柄)，被害新梢萎蔫下垂，不久干枯脱落。幼虫即在断梢上向下蛀食为害。

(2) 习性及发生规律　梨茎蜂2年发生1代，以老熟幼虫和蛹在2年生枝条上越冬，成虫于梨树开

花期羽化，成虫先锯梢再产卵，为害新梢长度 10 ～ 15 厘米，幼虫于 7 月中下旬至 8 月初开始休眠。葛氏梨茎蜂 1 年发生 1 代，以老熟幼虫在当年生枝条上越冬，成虫于梨树落花后羽化，成虫先锯梢再产卵，为害新梢长度 19 ～ 26 厘米，幼虫于 8 月下旬至 9 月初开始休眠。

(3) 防治措施 传统的农业防控措施，是在冬季修剪时剪去被害枝梢，不能剪除的枝梢，可用细铁丝穿入被害的枝内，以杀死幼虫或蛹。当年成虫为害后，应及时剪除被害新梢。药剂防控可掌握在成虫发生高峰期、即新梢长至 5 ～ 6 厘米时，喷 80% 敌敌畏乳油 1500 倍液 +10% 吡虫啉可湿性粉剂 2500 倍液等，一般于落花后进行。但是由于梨茎蜂迁移性强，化学防治效果有时不理想，人工杀死幼虫或蛹、剪除虫害新梢的方法又比较费工。因此，我国很多地区梨园特别是老梨园的梨茎蜂为害严重。

使用黄色粘虫板防治梨茎蜂，是目前生产中推广的一种简便有效的防治技术，在梨茎蜂发生严重的梨园防治效果非常明显。一块 40 厘米 ×20 厘米的粘虫板，3 天粘成虫量可达 100 多头。每亩成本仅需 20 ～ 30 元。具体做法是：梨树开花前，将黄色粘虫板均匀分散悬挂于梨园中，固定在距地面 1.5 ～ 2.0 米高的 2 ～ 3 年生枝条上。梨园树龄 20 年生以下，一般每亩悬挂 8 ～ 10 块。树龄 20 年生以上的梨园，每亩悬挂 15 ～ 20 块。

利用黄色粘虫板防治梨茎蜂

10. 梨实蜂

梨实蜂成虫

梨实蜂为害幼果

(1) 发生与为害 又称梨实叶蜂、梨食锯蜂，以幼虫为害梨果。成虫产卵于花萼组织内，被害花萼上稍鼓起一小黑点，很似苍蝇粪便。卵孵化后幼虫在原处为害，出现较大的近圆形斑。以后幼虫蛀入果心为害，虫果上有一大虫孔，被害幼果干枯、变黑脱落。脱落前幼虫即转害其他幼果。

(2) 习性及发生规律 一年发生 1 代，以老熟幼虫在土中做茧越冬，早春化蛹。梨花序分离期为成虫羽化盛期。成虫出土后先到杏、李、樱桃等花上取食花露，梨花将开时转至梨花上进行交尾、产卵。孵化后先在萼筒内取食，被害萼筒变黑，萼筒将脱落时即钻入果内为害。有转果为害习性，一般一头幼虫转移为害 2 ～ 4 个幼果。幼虫在果内为害约 15 ～ 20 天，老熟后由原蛀孔脱出，落地入土作茧，幼虫在茧内越夏和越冬。

(3) 防治措施

①成虫发生期利用其假死性，早晚振落成虫，集中捕杀。成虫产卵期和幼虫为害初期及时摘除虫花虫果，消灭其中虫卵和幼虫。

②虫口密度较大的果园，成虫出土前实施地面药剂防治，杀死出土成虫。梨花开放前 10 ～ 15 天，除草和松土，然后地面喷施 25% 辛硫磷微胶囊水剂 300 倍液，或 48% 毒死蜱乳油 300 倍液。

③梨开花前，成虫大量转移到梨上为害时，及时喷药防治，药剂有：48% 毒死蜱乳油 1000 倍液，20% 速灭杀丁乳油、2.5% 功夫菊酯乳油、2.5% 溴氰菊酯乳油等的 2000 倍液。

11．山楂叶螨

山楂叶螨

(1) 发生与为害 又叫山楂红蜘蛛，在我国各梨产区均有发生，为害寄主有苹果、梨、桃等多种果树，叶片受害后叶面出现许多细小失绿斑点，严重时全叶焦枯变褐，叶片变硬变脆，引起早期落叶。

(2) 习性及发生规律 我国北方梨区一年发生 6 ～ 9 代。以受精后的雌成螨在树皮缝内及树干周围的土壤缝隙中潜伏越冬，当花芽膨大时出蛰活动，梨落花期为出蛰盛期，是防治的关键时期。展叶后转到叶片上为害，并产卵繁殖。每年 7 ~ 8 月份发生量最大，为害也最严重。高温干旱的天气适合其繁殖发育。

(3) 防治措施

①刮除粗裂翘皮、树皮，消灭越冬成螨。

②保护利用天敌。天敌对害螨的控制作用非常明显，在药剂防治时，要尽量选择对天敌无杀伤作用或杀伤力较小的选择性杀螨剂。

③越冬成螨出蛰盛期和第 1 代卵孵化盛期喷药防治，可选择药剂有 50% 硫悬浮剂 200 倍液及 0.5 度波美石硫合剂。生长季可选用药剂有：20% 螨死净乳油 2000 ~ 3000 倍液、5% 尼索朗乳油 2000 倍液、99% 机油乳剂 200 倍液等。

12. 二斑叶螨

二斑叶螨

(1) 发生与为害　俗称白蜘蛛，主要寄主除苹果、梨、桃、等果树外，还有国槐、毛白杨等绿化树种及牵牛花、独行花等杂草。二斑叶螨主要在梨树叶背面取食为害，幼、若、成螨均能刺吸叶片、芽。受害叶片早期沿叶脉附近出现许多失绿斑痕，严重者变为褐色，树上树下一片枯焦。常会造成大量落叶及二次开花现象，严重削弱树势，影响当年产量和花芽形成。

(2) 习性及发生规律　华北地区每年一般发生 8 ~ 12 代，以橙黄色越冬雌成螨在枝干老翘皮内、根际土壤及落叶、杂草下群集越冬。翌年春平均气温达 10℃左右时，越冬雌成螨开始出蛰，首先在树下杂草和根蘖嫩叶上取食、繁殖，随后上树为害。6 月中下旬开始向全树冠扩散，7 月下旬至整个 8 月份是全年为害高峰期，当气温下降到 11℃时出现越冬雌成螨，陆续寻找越冬场所。

(3) 防治措施

①人工防治：9 月中下旬在树干上绑草把或瓦楞纸诱虫带诱集越

冬雌虫；早春雌虫出蛰以前，刮除树干及大主枝上的老树皮和翘皮并集中烧毁，以降低虫口基数。

②化学防治：早春出蛰期喷 5 波美度石硫合剂。花后 7 ～ 10 天喷施三唑锡 1500 倍液，药后 5 ～ 10 天的防效均达 90% 以上，并能起到同时兼治其他害螨的作用，此次用药十分关键，如时期和方法得当，即可控制全年为害。如 6 月上中旬又达到防治指标时——有螨叶率 30% 以上，平均每叶成螨 1 ～ 2 头，可再喷 1 次 5% 唑螨酯（霸螨灵）悬浮剂 2500 倍液。另外，由于叶螨多在叶背活动，且有拉丝结网习性，以致药液难以接触虫体，因此喷药一定要以叶背为主，且要均匀周到，树冠内膛、下部叶片、四周枝梢及树下杂草均要喷到。

13. 蝽类

茶翅蝽

茶翅蝽叮食后形成的疙瘩梨

珀蝽

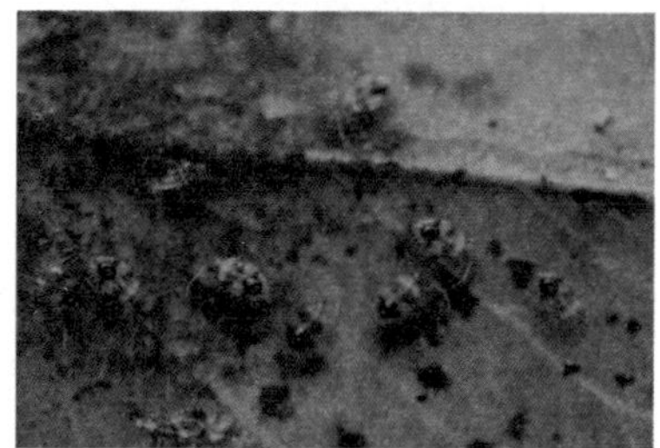

梨网蝽

(1) 发生与为害 为害梨树的蝽类主要有茶翅蝽、珀蝽、梨网蝽等。茶翅蝽、珀蝽以成虫、若虫为害叶片、嫩梢和果实，叶和梢被害后表现不突出，果实被害后果肉木栓化，变硬变苦，造成果面凸凹不平，严重时变成疙瘩梨和畸形果。梨网蝽以成虫和若虫在叶背主脉两侧中央部刺吸汁液，后遍及全叶，被害叶片形成灰白色失绿斑点，叶背面有深褐色排泄物。严重受害时叶片变褐色，容易脱落。

(2) 防治措施

①人工捕杀越冬场所成虫，剪除田间卵块和幼龄若虫。

②实行套袋栽培，自幼果期即开始套袋，防止茶翅蝽等为害。

③树上悬挂樟脑丸等驱避剂驱逐。

④越冬成虫出蛰至1代若虫发生期及时喷药防治，药剂有48%乐斯本乳油、2.5%功夫菊酯、2.5%溴氰菊酯等2000倍液，40%毒死蜱乳油1500倍液。

14. 梨瘿蚊

梨瘿蚊为害叶片

(1) 发生与为害　成虫产卵在花萼里，幼虫在花萼基部里面环向串食，被害处变黑。以后蛀入幼果心中，被害幼果干枯、脱落。受害叶片沿主脉纵卷成双筒形，随幼虫生长，卷圈数增加，叶片组织增厚，变硬发脆，直至变黑，枯萎脱落。

(2) 习性及发生规律　安徽1年发生2代，浙江发生3～4代，以老熟幼虫在树冠下深0～6厘米土壤中及树干的翘皮裂缝中越冬。越冬代成虫盛发期为3月底至4月初，第1代为4月底至5月初，第2代为5月下旬，第3代为6月下旬。以第2代幼虫发生量大，为害重。

防治方法：

①春季刮树皮，深翻梨园，发生期摘除有虫芽叶，集中烧毁。

②药剂防治。在越冬成虫羽化前1周或在第1～2代老熟幼虫脱叶高峰期，抓住降雨时幼虫集中脱叶，雨后有大量成虫羽化的有利时期，在树冠下地面喷洒50%辛硫磷乳油200～300倍液，或48%乐斯本乳油600倍液，杀灭幼虫和成虫，每亩用药液150千克。在越冬代和第1代成虫产卵盛期，用48%乐斯本800～1000倍液树上喷雾，均有很好的防治效果。具熏蒸功能的80% DDVEC 800倍液对梨瘿蚊

幼虫的防治效果好。

15. 刺蛾类

双齿绿刺蛾幼虫

扁刺蛾幼虫

黄刺蛾蛹

为害梨树的刺蛾主要有黄刺蛾、棕边绿刺蛾、双齿绿刺蛾、扁刺蛾、褐刺蛾等。

(1) 为害情况 几种刺蛾为害相似，均以幼虫为害叶片。低龄幼虫啃食叶肉，仅留表皮，被害叶呈网状，幼虫长大后将叶片吃成缺刻，严重时仅残留叶柄及主脉，对树势影响很大。

(2) 防治方法

① 7～8月间和冬季结合修剪，彻底清除、敲破或刺破越冬虫茧。利用成虫趋光性，在成虫盛发期点灯诱杀。夏季幼虫群集为害时，摘除虫叶，人工捕杀幼虫。

② 幼虫发生初期用药防治。药剂可选2.5%功夫菊酯乳油2000～2500倍液、25%灭幼脲3号胶悬剂1000～2000倍液、2.5%敌杀死乳油2500倍液等。

16. 金龟子

主要有白星金龟子、苹毛金龟子、铜绿金龟子等。

(1) 为害情况 梨树萌芽、展叶期，成虫开始出土为害，啃食芽、花蕾、叶片和果实，成虫有趋光性和假死习性，幼虫主要在土壤中为

苹毛丽金龟

黑绒金龟子

白星金龟子

四斑丽金龟

害幼根。

(2) 防治方法

①利用成虫趋光性，设置黑光灯或频振式杀虫灯在夜间诱杀，也可利用其假死性，在清晨或傍晚振动树枝捕杀成虫。也可用瓶装烂果，并稍加点蜂蜜或醋，在枝干悬挂，诱集杀灭。

②树下喷药。谢花后每亩用 80% 敌敌畏乳油 3 千克兑水拌潮湿细土或土粪，均匀地撒在树冠下面，或树下喷施 48% 乐斯本 500 ～ 800 倍液，结合中耕除草翻入土中，毒杀成虫和幼虫。

③成虫密度大时可进行树冠喷药，药剂可用 50% 辛硫磷乳油 1000 倍液或 2.5% 敌杀死乳油 2000 ～ 3000 倍液，在成虫盛发期喷药，时间以下午至黄昏较好。

④冬季翻耕果园土壤，可杀死土中的幼虫和成虫，如每亩结合撒施 3% 辛硫磷颗粒剂 2 ～ 3 千克，效果更佳。

17. 梨星毛虫

梨星毛虫幼虫及为害状

(1) 发生与为害 又叫裹叶虫、饺子虫等，为害梨、苹果、桃等多种果树，各梨产区均有分布，常发生于管理粗放的果园。以幼虫蛀食花芽、花蕾和嫩叶。花芽被蛀食，芽内花蕾、芽基组织被蛀空，花不能开放，被害处常有黄褐色黏液，并有褐色伤口或孔洞以及褐色幼虫。展叶期幼虫吐丝将叶片纵卷成饺子状，幼虫居内为害，啃食叶肉，残留叶脉呈网状。

(2) 习性及发生规律 星毛虫在北方多发生 1 代，河南、陕西关中地区一年发生 2 代，各地均以 2 龄幼虫在树干、主枝的粗皮裂缝内越冬。梨花芽膨大期开始活动，开绽期钻入花芽内蛀食花蕾或芽基。吐蕾期蛀食花蕾，展叶期则卷叶为害。一头幼虫可为害 7 ~ 8 片叶，严重时全树叶片被吃光。幼果期幼虫在最后一片包叶内结茧化蛹，蛹期约 10 天。6 月中旬出现成虫，傍晚活动，交尾产卵，卵期约 1 周。6 月下旬出现当年第 1 代幼虫，群居叶背，取食叶肉，留上表皮呈透明状，但不卷叶，叶呈筛网状。幼虫取食 10 ~ 15 天，即转移到树干粗皮裂缝下休眠越冬。

(3) 防治措施

①刮树皮消灭越冬幼虫，发生轻的可摘除虫叶。

②花芽膨大期越冬幼虫大量出蛰时，是树上防治的最佳时期。可选用药剂：2.5% 功夫乳油 2000 倍液、20% 氰戊菊酯乳油 2000 倍液、2.5% 敌杀死乳油 2000 倍液、5% 高效氯氰菊酯乳油 2000 倍液等。花后连喷 2 次，一般可控制为害。

18. 金缘吉丁虫

(1) 发生与为害 以幼虫在枝干皮层纵横串食，破坏输导组织，导致树势衰弱，严重时出现死枝或死树。

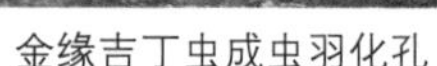
金缘吉丁虫成虫羽化孔

金缘吉丁虫成虫

(2) 习性及发生规律 北方梨区 3 年发生 1 代，以不同龄期的幼虫在被害枝干皮层下或木质部蛀道内越冬。成虫在 5 月上旬至 7 月上旬羽化。5 月份气温升高后，咬一扁圆形洞钻出。成虫羽化后取食叶片，被害叶呈不规则缺刻状。该虫有假死性。交尾后产卵，卵产在树皮缝内，每雌虫约产卵 20 ~ 100 粒。6 月上旬为幼虫孵化盛期，幼虫孵化后，即蛀入树皮内，秋后幼虫蛀入木质部，在较深的虫道内过冬。当年或一年以上的幼虫多在皮层或形成层越冬。

(3) 防治措施

①及时清除死枝、死树，消灭虫源。

②成虫发生期，利用其假死性，敲树振落，捕捉杀死成虫。

③成虫羽化出洞前用药剂封闭树干，用 50% 杀螟硫磷乳油 800 倍液或 48% 乐斯本乳油 800 倍液喷洒主干和树皮。成虫发生期喷药防治，可喷 80% 敌敌畏乳油或 90% 晶体敌百虫 800 倍液等。

19. 梨瘿蛾

(1) 发生与为害 以幼虫蛀食当年生新梢为害，蛀入处增生膨胀形成略呈球形的虫瘿。形成虫瘿前，蛀口附近有一枯黄叶片，易于识别。虫口密度大的果园，一个枝条上常有数个虫瘿连接成串。虫瘿处木质较硬，皮增厚，化蛹前蛀一羽化道和羽化孔，成虫羽化后钻出，留一圆孔。

梨瘿蛾为害状

(2) 习性及发生规律 此虫每年发生 1 代，

以蛹在被害枝条的虫瘤内过冬，春季梨芽萌动时成虫开始羽化，花芽开绽前期为羽化盛期。卵散产于花芽、腋芽缝隙或枝条皮缝内，梨新梢抽生期卵孵化。初孵幼虫爬行到刚抽出的幼嫩新梢，蛀入为害，被害处增生膨大呈球形的瘤。幼虫在虫瘤内纵横串食，每瘤内常有幼虫 1 ～ 4 头。幼虫为害至 9 月中下旬老熟，化蛹盛期在 10 月中下旬。

(3) 防治措施

①冬季剪除虫瘿，集中烧毁。

②花芽萌动期喷药防治，可选药剂有：5% 高效氯氰菊酯乳油 2000 倍液、2.5% 功夫乳油 2000 倍液、20% 氰戊菊酯乳油 2000 倍液、2.5% 敌杀死乳油 2000 倍液等。

20. 卷叶蛾

苹小卷叶蛾

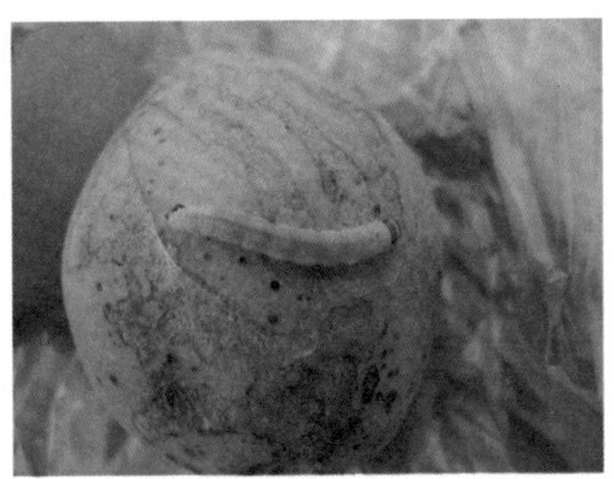

褐带长卷叶蛾

（1）发生与为害 主要有苹小卷叶蛾、褐带长卷叶蛾等，为害梨树的花、叶片和果实。如叶片与果实贴近，则将叶片缀粘于果面，并啃食果皮和果肉，被害果面呈不规则的片状凹陷伤疤，受害部周围常呈木栓化。

（2）防治方法

①及时修剪病虫枝叶，剔除有虫包裹的卷叶及被害花、幼果，拾捡落果并烧毁。

②用糖醋液或苹小卷叶蛾性信息素诱捕器进行诱杀。

③对虫口密度大的果园，重点抓好越冬幼虫出蛰期和第 1 代幼虫发生期防治，药剂可选 48% 乐斯本乳油 1000 倍液，2.5% 功夫菊酯或 2.5% 敌杀死乳油 2000 ～ 4000 倍液等。

21. 尺蠖

梨尺蠖

桑褶翅尺蠖

为害梨树的尺蠖主要有梨尺蠖、桑褶翅尺蠖等。

(1) 发生与为害　主要以幼虫为害梨树叶片，还可为害芽、花和幼果。叶片受害后，先出现孔洞和缺刻，随着幼虫食量增大，出现大的缺刻，甚至将叶片吃光，仅留叶脉或叶柄。花器受害，形成孔洞。

(2) 防治方法

①成虫羽化期，在树干基部堆细沙土，拍打光滑，或在树干基部绑塑料布，可阻止梨尺蠖雌虫上树产卵。

②利用幼虫受振动吐丝下垂的特性，振树捕杀幼虫。

③灯光诱蛾。在成虫盛发高峰期，每 20 亩左右梨园装 1 支 40 瓦黑光灯诱捕成虫。

④在一至二龄幼虫发生期进行药剂防治，喷布 25% 灭幼脲 3 号或 5% 高效氯氰菊酯乳油 2000 倍液等。

22. 皮暗斑螟

(1) 发生与为害　又称灰暗斑螟，俗称甲口虫，分布于我国河北、陕西、山东等省区，食性杂，以幼虫为害多种林果树木的嫁接口、甲口、伤口等产生的愈伤组织。

(2) 习性及发生规律　除了冬季 1 ～ 3 个月越冬外，其余各时期均可以幼虫蛀食枝干。

皮暗斑螟为害状

皮暗斑螟幼虫

多在枝干伤口处寄生。成虫先在寄生部位产卵，幼虫孵化后直接在卵壳周围咬食皮层，并在皮层下排出细小、黄褐色、沙粒状粪便。幼虫绕食伤口一圈后，再向内自上而下蛀食，最后绕树干或枝干一圈。轻则切断韧皮部运输，导致树势衰弱，重则引起枝干或植株死亡。

皮暗斑螟 1 年发生 4 ～ 5 代，以第 4 代幼虫和第 5 代幼虫为主交替越冬，有世代重叠现象。该虫以幼虫在为害处附近越冬，翌年 3 月下旬开始活动，4 月初开始化蛹，越冬代成虫 4 月底开始羽化，5 月上旬出现第 1 代卵和幼虫。第 1、第 2 代幼虫为害最重。第 4 代部分老熟幼虫不化蛹于 9 月下旬以后结茧越冬，第 5 代幼虫于 11 月中旬进入越冬。

(3) 防治措施

①注意农事操作，避免碰伤树干而产生伤口，以减少成虫产卵的机会。同时，平时喷药时要养成既喷叶片又喷树干的习惯，以防止害虫的寄生。

②及时人工捕杀幼虫及蛹，发现皮暗斑螟危害时，应及时刮除外翘的树皮，用利器挖出杀死其中的幼虫及蛹，伤口再涂 50 倍杀灭菊酯和 20 倍甲基托布津进行保护。

③药物防治用 1500 倍威敌或敌杀死、2000 倍的速克星等强内吸、高渗透性农药进行防治。

23. 美国白蛾

(1) 发生与为害 又称秋幕毛虫、秋幕蛾，为重要的国际植物检疫对象。幼虫孵化后吐丝结网，群集网中取食叶片，叶片被食尽后，幼虫移至枝杈和嫩枝的另一部分织一新网。1 ～ 4 龄幼虫多结网为害，网幕

美国白蛾为害状

为乳黄色，可达 50 厘米。5 龄后的幼虫开始脱落网幕，分散为害，达到暴食阶段。

(2) 习性及发生规律　以蛹在树皮下或地面枯枝落叶处越冬，在北方 1 年发生 2 代。第 1 代幼虫发生期在 6 月上旬至 8 月上旬，第 2 代幼虫发生期在 8 月上旬至 11 月上旬。

(3) 防治措施

①严格检疫。

②利用诱虫灯在成虫羽化期诱杀成虫。

③剪除网幕。

④对四龄前幼虫使用 25% 灭幼脲Ⅲ号胶悬剂 2000 倍液、20% 美满胶悬剂 1000 ～ 1500 倍液、5% 卡死克乳油 2000 倍液等进行防治。

24. 蜗牛

条华蜗牛

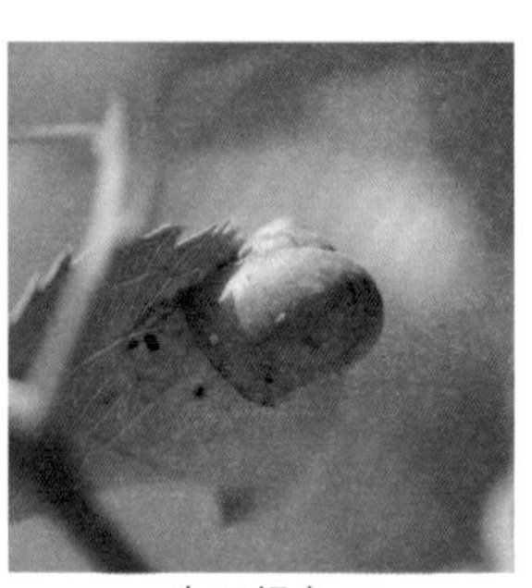
灰巴蜗牛

蜗牛为害果实

(1) 发生与为害　我国北方为害梨树的蜗牛主要是条华蜗牛和灰巴蜗牛，它们以幼体、成体食害叶片或幼嫩组织和幼苗，初孵幼体取食叶肉，留一层表皮，稍大后把叶片吃成缺刻或孔洞。

(2) 防治措施　防治蜗牛比较简便的方法是，在雨季蜗牛大量发生前，在树干上缠胶带，胶带上涂抹掺入食盐的粘虫胶，蜗牛爬经时身体沾上食盐即会死亡，因而不能上树为害。此外，梨园放鸭、放鸡也是防治蜗牛

的好方法。

在树干上缠胶带防治蜗牛

三、鸟害及其防治

在我国北方地区，为害果园的鸟类主要为喜鹊和灰喜鹊等。这两种鸟均为留鸟，食性杂，主要在白天活动。在果园不仅可以为害果实，春季还可啄食嫩芽，踩坏嫁接枝条，使新嫁接树受到损失。

喜鹊

灰喜鹊

目前国内外防治鸟害的方法主要有以下 5 种：

1. 声音防治

制造惊吓声驱赶鸟类的方法包括燃放丙烷炮、信号枪、鞭炮等，吹哨及播放鸟的惊叫声等。

使用语音驱鸟器防治鸟害

2. 视觉设施防治

用于惊吓鸟类的视觉设施包括

运动和闪光的物体，如在果园安装叶片涂有紫外线反射漆的风车、反光棱镜，悬挂绘有肉食天敌眼睛图案的气球、聚酯薄膜带、飘带及其他闪光、可飘动的物体等。

利用视觉设施防治鸟害的作用是有限的，因为鸟类能很快适应新的东西。

利用稻草人防治鸟害

悬挂光盘防治鸟害

3. 利用天敌

可采用人工搭建鸟巢或提供歇脚场所的方法，吸引隼、鹰等肉食性鸟类，用于鸟害的生物防治。

4. 化学防治

鸟害的化学防治即在果实上喷洒使鸟类不愿啄食或感觉不舒服的生化物质，迫使鸟类到其他地方觅食。

安徽黄山市双宝科技应用有限公司生产的驱鸟剂防治鸟害，效果较好。该驱鸟剂为胶体溶液合剂，可缓慢持久地释放出气体，鸟雀闻后产生不适，即会飞走，从而产生驱避作用。不伤害鸟类，对人畜无害，绿色环保，通过了国家有关部门的质量和安全性认证。

悬挂驱鸟剂防治鸟害

5.铺设防鸟网

梨园铺设防鸟网

用尼龙网等材料对果园进行封闭覆盖是防治鸟害效果最好的方法。一些地区防鸟网还可以和防雹结合，起到多重效果。但铺设防鸟网的投资较大，同时要注意避免冬季积雪压坏支架。

这些防治方法在应用时要注意：

①综合运用：各种干扰鸟类视觉、听觉的方法应结合使用，并使鸟类产生恐惧。应把各种惊吓设施放置在果园的周边和鸟类的入口处，并可利用风向和回声增大声音防治设施的作用。

②及早防治：在鸟类开始啄食果实前即开始防治，可使一些鸟类迁移到其他地方筑巢觅食。

③避免防治方法固定化：在利用声音设施防治时，应经常改变这些设施的位置，以避免鸟类对环境产生适应，达到出其不意的效果。

④避免伤害国家保护的野生珍稀鸟类。

四、害虫天敌

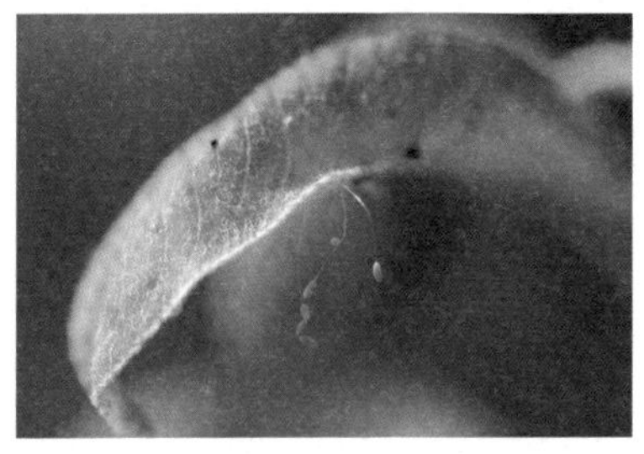

草蛉卵

草蛉幼虫

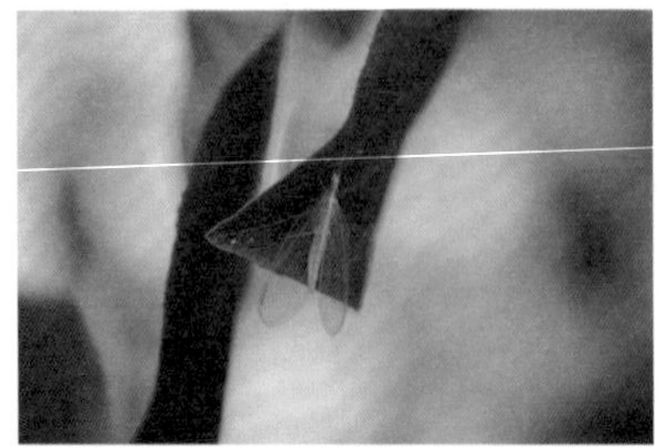

草蛉成虫

虻类

捕食螨

寄生蜂

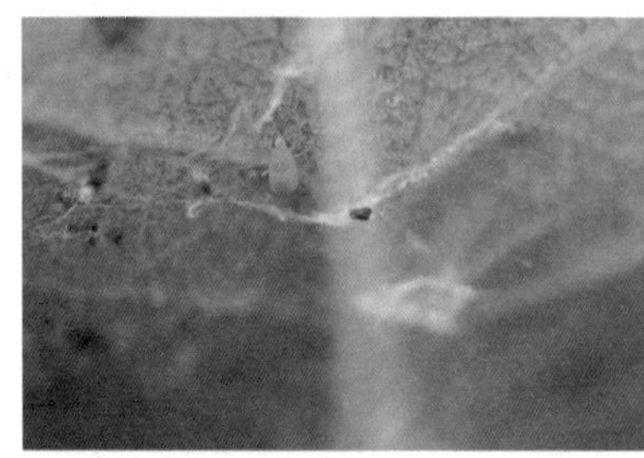

蝽类

食蚜蝇幼虫

食蚜蝇成虫

螳螂

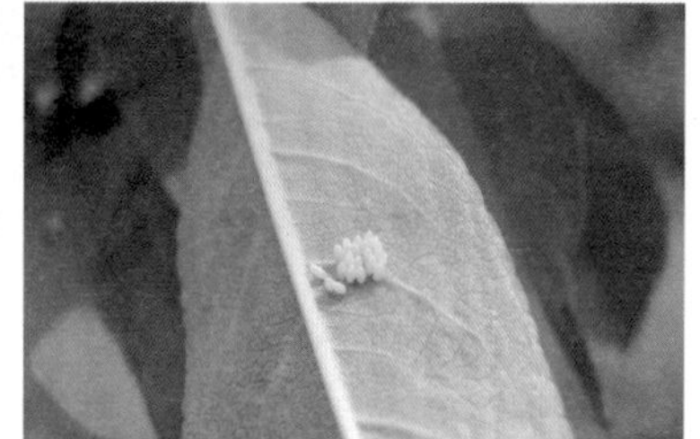

瓢虫卵

瓢虫幼虫

瓢虫成虫

蜘蛛

参考文献

1 张绍玲，等 . 图解梨优质安全生产技术要领 [M]. 北京：中国农业出版社，2010

2 张绍玲，等 . 梨产业技术研究与应用（2010）[M]. 北京：中国农业出版社，2010

3 张玉星，等 . 梨科研与生产进展（五）[M]. 北京：北京科学技术出版社，2011

4 李秀根，等 . 梨新优品种及实用配套新技术 [M]. 北京：中国劳动社会保障出版社，2001

5 于新刚 . 梨新品种实用栽培技术 [M]. 北京：北京科学技术出版社，2005

6 蒲富慎，黄礼森，孙秉钧，李树玲 . 梨品种 [M]. 北京：北京科学技术出版社，1989

7 王迎涛，方成泉，等 . 梨优良品种及无公害栽培技术 [M]. 北京：中国农业出版社，2004

8 曹玉芬，等 . 优质梨生产技术百问百答 [M]. 北京：中国农业出版社，2009

9 夏声广，等 . 梨树病虫害防治原色生态图谱 [M]. 北京：中国农业出版社，2007

10 盛仙俏，陈桂华，谢以泽 . 梨病虫原色图谱 [M]. 杭州：浙江科学技术出版社，2006

11 鲁韧强，刘军，王小伟，魏钦平 . 梨树实用栽培新技术 [M]. 北京：科学技术文献出版社，2010

12 刘军，王小伟，等 . 图说果树良种栽培——西洋梨 [M]. 北京：北京科学技术出版社，2009